日常设计经典100

Humble Masterpieces: Everyday Marvels of Design

[美] 保拉·安东内利 著 东野长江 译

山东人民出版社

谨以此书献给 Larry

导论

每件物品，都是被设计过的。有些物品设计得好，有些则不；有些设计假模假式，有些则一点也不装腔作势；有些设计把材质和技术运用得很是巧妙，有些则只能说是浪费；有些设计让人觉得亲近、容易理解，有些则让人难以接近。从水晶吊灯到铅笔，从飞机到电脑屏幕，从剧院的内部装饰到百货公司的收据，这些无不经过了设计。有些物品能以其本身的特色很自然地吸引我们，甚至引起我们的占有欲——比如一双造型奇特而价格昂贵的跑鞋，又比如一辆流线型的跑车。而其他很多物品则因为太过平凡而不被我们所重视——尽管我们每天都要用到它们——从橡皮筋到创可贴、橡皮擦，再到睫毛膏的刷子头。这些物品我们一直用着挺顺手，却不会过多关注。这些价格低廉、默默无闻的日常用品，真正体现了设计的艺术，值得我们给予欣赏。

大多数的日常用品，比如回形针和气泡纸，都言说着精致工艺的恒久性和创意的合时性，同时也表现着物质文化的持续引导力。它们都是一些不出名的设计，因为我们通常都不知道是哪个人设计了它们，不像名牌皮包或者名椅那样有设计师的签名。它们通常是某个品牌的产品，例如Swingline公司生产的订书机、Black&Decker公司出品的电动工具。其中一些物品具有高品质、低价格和通用的特性。它们是这么好，我们无法想象要是没有这些日常物品我们的生活将会怎样！然而，我们又对它们如此习以为常。只要我们愿意亲近它们，就能开启一个崭新的设计世界。每件物品背后都有一个故事，从其概念的形成到其消亡，这样的生命轮回甚至精彩如一位名人的传记。以便利贴为例，这本来是3M公司的工程师在1960年代由一个“错误”而意外发明的产品，但到了1970年代，另外一位工程师又有了新的发现。在这个故事里，最开始想要发明出来的是一种新的可以持久粘贴的胶，第一位工程师阴差阳错地发明了一种可以用好几次也不会失去黏性、不会破坏物品表面的胶。换而言之，这是一个失败的结果。在另一位工程师的新发明出现之前它都是无用的。它被运用到黄色的材料上，可以被粘贴在文稿、桌子或墙上，提醒人们不要忘了一些事。便利贴在1980年代初问世时，正好是个人电脑诞生、人们的思考模式大转变的时代，而便利贴的诞生，同样撼动了整个世界。

如果你觉得这个故事挺有意思的，那你一定也会从圆珠笔、幸运饼和晶体管身上获益良多。为了设计出这些看起来很平凡的物品，诺贝尔奖获得者、法国男爵和日本景观设计师无不竭尽全力，他们钻研热聚合物和半导体的技术，有时凭借一项专利就能建起一个帝国。有些物品，比如筷子和骰子，因为历史实在太过悠久，已经无从考证谁是它们的发明者，但我们依然会因为体现于其中的形式与功能的完美平衡、对材质的精巧运用以及对古老文化的表现而对它们赞叹不已。当一件物品经过了很好的设计，懂得欣赏的人可以感受到其散发出来的光芒，同时也会因为这件物品的功能如此完美地得到呈现和让事情变得如此简单而感到自豪。我们每个人都是设计专家，即使我们中的很多人对此并不明了。当遇到功能性的物品时，我们都知道它好还是不好，就像我们知道牛排好不好吃一样。一旦我们学会从实用和经济中识别出什么是美，就会意识到我们厨房的抽屉、钱包、汽车的后备箱和浴室的储藏柜都是一个个设计博物馆。

什么样的设计是好设计？所有的物品在被发明和设计之前，都只是一个构想。在设计师的脑子里，构想自然是完美的，其所设计出的物品也是完美的。然而，从构想到模型、外观模型再到产品，这中间要经过一条漫长而艰难的道路。从材料到技术的实现，销售、安全、人体工学和可回收性……都要经过种种考量，这些环节都会改变着最初的构想。好的设计师可以把这些限制转化为灵感，加以修饰，最终推出忠于自己初衷的作品。我们只要看到成品，就能感受到其设计理念。好的设计师同时也会是一位好的听众，会从自身经验出发，以好奇心和同情心来了解周遭的世界，从生活中吸取灵感。好的设计师让我们以为一切是那么简单，新的设计是那样自然。成功的设计，往往能够在一瞬间唤起似曾相识的感觉，引来赞赏的目光，跨越人与人、国与国之间的疆界，仿佛是一种世界通用的语言。

本书收集了100款日常生活中常见的伟大设计。这些设计经典有许多共同的特色，不仅随处可见，而且实用性很强。有些物品，比如玩具弹簧和魔方，虽然没有很高的实用性，却替人们增添了很多乐趣，值得记上一笔。所有物品的外型都能充分说明其功能。此外，价格也都是一般人可以负担得起的。绝大多数物品不仅设计巧妙、创意十足，而且自成体系，为某些问题提供了新的解决办法，甚至有时还会运用最新的科技成果。种种特质，都为其增添了造型上的美感。

在评审与挑选的过程中，我们考虑到许多方面，其中相当关键的一点是实用性。好的物品不仅要实用，而且要富有情感和内涵，能够传达出某种讯息，另外，其制作过程也很重要。所使用的材料和技术，以及材料和技术在思维与技能上的互补，都会对其品质有所影响。此外，还要评估它的道德性，能否满足所有的使用者，能否保护有限的资源。不仅如此，好的设计还要能反映其所处的时代特性与文化精神。就这些日常生活用品而言，美是一种结果，美感来自其功能的实现。书中提到的许多设计作品，例如Zippo防风打火机、利乐包和安全别针。它们不仅具有代表性，同时设计精良。良好的设计应该兼具复杂与简单的特质。设计不只是创意，更是决心、多样性和智慧的象征。

不管你先前对设计有什么样的认识，设计绝不只是解决问题而已。设计更侧重用不同的形式来呈现问题，让大家自己去解决问题。设计师并不提供答案，只是顺着人的角度去思考问题，把问题简单化。以科技为例，设计可以把新的科技变得更加容易使用，也更易于被人们了解，但设计并不能解决科技本质上的问题。设计本身并不会引起改变，但每逢有重大变革发生时，设计可以帮助我们去面对改变，将改变转化为正面力量。最好的当代设计，是那些同时体现出历史性与当代性的设计；是外观能代表其所处的物质文化，又使用全球通用的设计语言的设计；是背负着过去又开启着未来的设计；是那些在文化与科技都有无限可能的现代社会中，为我们营造出归属感，同时又带领我们去探索全新领域的设计。最好的当代设计，会明确地说明其缘何而来，如何而来。当代设计充满实验精神，目标则是走向乐观、诚实、敏锐和永续的未来。

设计已成为一种普遍的语言。设计不只是一种文化力量，也被认为是一种经济力量。流行时尚业、服装业和商业界经常将设计描绘为一种特殊的生活方式。然而，时至今日，对于设计并没有一个明确的定义。国际上，通常使用英文——design——一词，而每种语言对设计几乎都有三种以上的定义，有的甚至赋予其完全不同的内涵。此外，设计往往会与其他相关领域，如装饰艺术混为一谈。讲得抽象一点，设计是一种策略：只要有问题需要解决，有事情需要规划，只要牵扯到视觉与功能、平面或立体结构的问题，就可称作“设计”。不过，这么讲似乎又有点将设计过于简单化了。那美感呢？人体工学呢？建造、回收、舒适度与安全性这些问题又该从何谈起？说到底，设计并非只是解决问题而已。设计所包含的含义深广而复杂。总而言之，设计是一种通用的、逻辑性的规划方法。但是，一般大众对设计的意义及其背后的可能性，依然缺乏足够的认知。

有一件事可以确定：设计对于我们每个人的日常生活至关重要，了解设计大有裨益。大型卖场和网络的发展，使得零售业已经成为买方市场，消费者们掌握了更多的讯息和选择上的主导权。设计的本质是建设性的、有希望的、有帮助的、实用的。设计不仅能取悦消费者和企业，更能影响政府的政策和研究，将科技转化为大众所需，将社会大众的需求有效传达给科学家和政府官员。设计是连接抽象的策略与现实世界中种种复杂的细节之间的桥梁。设计师在现代社会的发展中扮演着越来越重要的角色。在创造未来世界的诸多人士当中，设计师应该是最具有责任感、视野最开阔的一群人。就像书中介绍的日常经典设计一样，设计师对于作品的谦逊态度，将改变这个世界。

目录

瑞士军刀 SwissChamp Knife，1968年

发明者：卡尔・埃森纳（Karl Elsener），瑞士人，1860～1918年
材　质：塑料和不锈钢
生产商：瑞士Victorinox公司

早在1891年，瑞士刀匠卡尔・埃森纳就为瑞士军队设计了他的第一款军用小刀。1897年，他申请了专利。他之所以将公司命名为Victorinox，一方面是为了纪念他的母亲Victoria，同时也是为了说明他的刀所使用的是不锈钢材质（法语为inoxydable）。他借鉴瑞士国旗，以红色底色和白色十字作为自己的商标。每位瑞士军人在入伍时都会收到一只军用小刀，瑞士军刀因此享誉世界，第二次世界大战中更成为美国军人的大爱。随着时间的演进，出现了许多更为先进的生产技术，原来的军用小刀已经演变出上百种不同的款式。它们根据功能的不同而各自有着不同的名称，例如电工、补锅匠、观光客和王子等。左图中的瑞士军刀，是1968年推出的经典的“冠军”款的改进版，共有16把刀具和其他一些附加零件，功能多达29种。所有的瑞士军刀都享有终身保修。不过，Victorinox公司表示，极少有瑞士军刀需要回厂维修。

意大利面 Spaghetti, Noodle and Pasta，13世纪

发明者：不详
材　质：杜兰小麦粉

几百年来，意大利面一直是伟大设计的完美典范。只需将杜兰小麦粉加上水揉成面团，再用手或机器将其裁切、压模，这一基本的、实用的设计理念就可以演化出几乎是无穷尽的形态。同时，这也是一种不受时间限制的设计。几个世纪以来，制作面条的机器已有了很大的进步，但基本的制作方法一直没有改变。面条可以很轻易地融入各国的饮食文化，几乎每个国家都有自己独具特色的面条烹饪方式。它在美食家和普通大众中都广受欢迎。

和许多伟大的设计一样，没有人知道到底是谁发明了面条。中国人和意大利人至今还在为这一发明的所有权争论不休。尽管有人说面条是13世纪末时，马可·波罗（Marco Polo）从中国带到意大利的，但实际上，在此之前，意大利就已经有面条。考古学家发现，早在公元前4世纪，古意大利地区的伊特拉斯坎人（Etruscan）就已经在食用面条，而中国则早在公元前3000多年就已经可以制作出类似面条的食物。面条的制作方式相当简单，并且一直没发生什么变化。比如意大利面条，先把硬质的杜兰小麦粉磨成粗粉末，加水揉成面团，再用金属做的模具挤压就可以了。模具上有一些洞眼可以决定面条最终的形状，当被挤压出来的面条达到所需要的长度，洞眼下面安装着的锋利刀具就会旋转一下，将其切割下来。真是令人难以置信，这一过程是如此简单。有时候最完美的事物恰好如是。

棒球 Baseball，1870年代

发明者：阿尔弗雷德·里奇（Alfred J.Reach），美国人，1840～1928年
本雅明·夏伊布（Benjamin Shibe），美国人，1833～1922年
款　式：Rawlings ROMLB（美国大联盟指定用球）
生产商：美国Rawlings 公司

棒球是美国人最喜欢的运动。棒球运动的历史，也是棒球发展的历史。第一代棒球是用麻线或羊皮把胡桃缠起来，外面再用马皮包裹一下，完全以手工制成。20世纪初的著名棒球手艾伯特·斯波尔丁（Albert Spalding）曾说，他小时候打的棒球，都是用勇敢的小伙伴们捐出来的袜子做的。

1850年代，美国出现了两家大型棒球制造商：位于纽约的John van Horn公司和位于布鲁克林的 Harvey Rose公司。他们制作的棒球是在用旧橡胶做的球外面再包层羊皮，重约55克。1875年，约翰·吉卜林（John Giblin）为他的棒球设计申请了专利，这款棒球的球心是压缩了的棕榈叶，外面用麻线和橡胶包裹。4个月后，波士顿的塞缪尔·希普克斯（Samuel Hipkiss）为一款用铃铛当球心的棒球申请了专利，他认为这种球可以帮助裁判做出更正确的裁决。但对于之后的40年而言，最为重要的革新是由阿尔弗雷德·里奇和本雅明·夏伊布做出来的。他们在费城设计、制造和销售棒球，两人分别负责研发和销售。为了维持球体的完整性，他们最初推出的棒球没有缝线。不过，他们很快就发现，没有缝线根本没法投出曲线球，所以马上推出了双缝线的款式。

1876年，可以批量生产棒球的机器获得了专利，但直到1889年，可以自动缠绕纱线的机器才出现。里奇的儿子乔治（他后来娶了夏伊布的女儿玛莉）在1911年推出了以木塞作为球心的棒球，他被认为是现代棒球的发明者。他发现球心的木塞的弹性，恰好与球本身的弹性成反比。另一位家族成员丹尼尔·夏伊布（Daniel Shibe），则取得了双缝线的专利。棒球的球心、外壳与缝线的设计与地球的结构非常相似，令棒球狂热分子觉得饶有兴味。

钩针 Crochet Hook，1873年

发明者：不详
款　式：Susan Bates
材　质：铝
生产商：英国Coats & Clark's 缝纫用品公司

钩针编织是利用线来编织织物的古老方式之一，公元前就已经有人用手指将线绕成圈圈，再缠绕结成活结来编织织物。钩针一词源于法文的“croche”，也就是英文中“hook”的意思。18世纪时，法国修女将这一技能带到了爱尔兰。19世纪维多利亚时代的中产阶级妇女很喜欢这种工具，她们利用钩针编织床单、桌巾和内衣上的精美饰边。用丝线钩织出来的织品可以与她们喜欢得要命的精致蕾丝相媲美，但蕾丝可要贵的多。

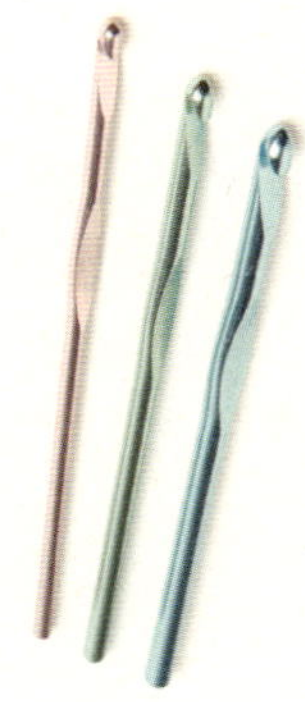

有关钩针技法的文字说明直到1840年才出现，但可以找到的资料很少。钩针的编织法更多是由一代代人口耳相传。在维多利亚时代，人们认为妇女用类似握铅笔的姿势拿钩针最为高雅，但照目前的医学观点来看，这种姿势很有可能导致手腕隧道症候群，因此还是将钩针握在手掌中比较好。先钩出一长串的圈圈，再拼缝或连接成一片坚固的织物，用钩针编织就是如此简单。有些历史学家认为，钩针其实就是食指的延伸。

茶筅 Chasen，16世纪

发明者：不详
材　质：竹子

茶筅是造型优美、价格低廉的竹制搅拌器，在日本茶道中用来将味道苦涩的绿茶搅拌到起泡。它不只是一种功能性的工具，更是茶道仪式中不可缺少的重要部分。日本的茶道仪式本身和其所使用的器具，都是要传达出一种和谐、平静、谦卑和优雅的气息。日本茶道是14世纪时，由禅宗所发展出来的一种艺术形态；16世纪时，茶道的创立者千利休（Sen no Rikyū）进一步奠定了茶道的基础，为茶道制定了严谨的规矩与程序，规定了茶道使用的器具和材质，包括木制品、竹制品、丝制品和瓷器等，并沿用至今。

多孔气泡纸 Bubble Wrap Air Cellular Cushioning，1960年

发明者：马克·夏凡纳（Marc A. Chavannes），瑞士人，1896～1994年
阿尔弗雷德·菲尔丁（Alfred W. Fielding），美国人，1917～1994年
材　质：聚乙烯塑胶
制造商：美国Sealed Air公司

1957年，马克·夏凡纳和阿尔弗雷德·菲尔丁在美国新泽西州家中的车库里，在研发以塑胶作为衬垫的壁纸时，决定改变研究方向，他们投入9000美元的研究经费，开发出了世界知名的包装衬垫，又被称为气泡纸。有人喜欢戳破气泡纸上的泡泡来取乐，也有人用它小心翼翼地包裹物品。气泡纸的制造过程分成五个步骤，主要程序是将两片聚乙烯塑胶膜重叠在一起，再用抽引的方式在其中一片上吸出气泡。

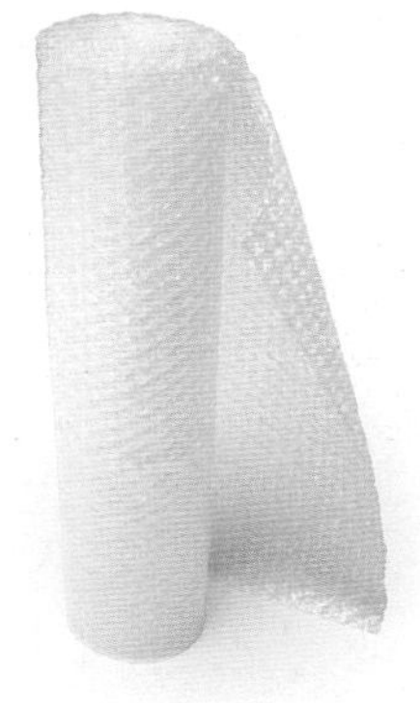

其他有关气泡纸的数据包括：将美国办公用品供应商Office Depot每年销售的气泡纸连起来的话其长度足以绕地球两圈；世界上有80%的人知道什么是气泡纸。除了包装之外，气泡纸还有无数种其他用途，例如用作减轻压力的柔软衬垫。这与它最初的设计方向实在相去甚远。美国还把每年1月的最后一个星期一定为气泡纸日。

Swatch手表 Swatch Wristwatch，1983年

发明者：瑞士Swatch手表公司，1983年成立
款　式：美国纽约现代艺术博物馆收藏（MoMA Swatch），2000年
材　质：塑胶、金属
制造商：瑞士Swatch手表公司

1980年代初，因为新一代超薄、超轻的日本电子表的竞争，两家知名的瑞士制表公司SSIH和ASUAG面临着破产的危险。贷款给这两家公司的银行向海耶克工程公司（Hayek Engineering）的企业管理顾问尼古拉斯·海耶克（Nicolas G. Hayek）求助。1983年，海耶克提出了一份报告，建议这两家公司合并成立Swatch公司，推出充满创意、富有革命性的新产品。由雅克·穆勒（Jacques Müller）、恩斯特·汤克（Ernst Thonke）与艾尔玛·莫克（Elmar Mock）等人率领的设计团队推出的这款手表采用塑胶材质，只有51个零件，成本比较低；而瑞士传统手表则需要使用90个甚至151个零件。这款手表的机芯直接镶嵌在底盖上，成为表身构造的一个组成部分，而非仅仅是为了起到装饰性的效果。据说它有两个前身：天梭表(Tissot)在1971年推出的塑料手表Astrolon（使用52个零件，包括塑胶齿轮、小齿轮、擒纵轮、表壳和表盖，价格仅仅是50美元）和君皇表（Concord）于1979年推出的Delirium超薄手表，后者是当时最薄的手表。

Swatch表一体成型的设计，对于当时的国际手表市场形成了巨大的冲击。Swatch公司最早推出的款式包括透明的水母和简洁的GB001等，后来还与多位艺术家合作，推出一系列限量生产、价格合理的纪念款，为Swatch表增添了许多光彩。

铅笔 Lead Pencil，1761年

发明者：卡斯帕·法布尔（Kaspar Faber），德国人，1730～1784年
尼古拉斯·雅克·康特（Nicolas-Jacques Conte），法国人，1755～1805年
材　质：石墨、西洋杉
本款为德国Faber-Castell公司生产

1565年，在英国的坎伯兰（Cumberland）地区的一棵树下，人们发现了一种黏稠的黑色物质，一开始人们认为这是铅。当地人将其夹在木杆中用来写字，用这种物质写的字可以很容易地被擦掉。18世纪末期，瑞典化学家卡尔·威廉·舍勒（Karl Wilhelm Scheele）证实这一物质其实是碳的结晶体，并以希腊文“graphein”（意思就是“写”）将其命名为石墨（graphite）。

1760年，德国木匠卡斯帕·法布尔在德国纽伦堡（Nuremberg）附近创办了以自己名字命名的公司，并在第二年开了一家铅笔店。他把石墨和硫磺混合而成的细条，粘贴在两片木杆之间，制成最初的铅笔。1795年，法国化学家尼古拉斯·雅克·康特研究出了石墨与黏土的混合物，这种混合物经高温烧烤后可以灌入木头制作的外壳中。这一创新不仅使得铅笔制造的过程更有效率，还能制造出软硬程度不同的铅笔芯。法布尔公司一直是家族企业。1839年，老法布尔的曾孙约翰（Johann Lothar Faber）利用新出现的水力和蒸汽发电技术，将铅笔的生产流程机械化，并推出了印有“A.W.Faber”商标的铅笔，开创了品牌化运作的道路。1840年，约翰推出了世界上第一支六角形铅笔。1856年，他获得了东西伯利亚石墨矿的高品质石墨的独家供应权。1851年，埃伯哈德·法布尔（Eberhard Faber）在美国纽约开办了第一家机械化生产铅笔的工厂。此后，虽然铅笔的制造技术日新月异，但其历史悠久的造型始终没有改变。

Screwpull葡萄酒开瓶器

Screwpull Corkscrew，1979年

发明者：赫伯特・艾伦（Herbert Allen），美国人，1907～1990年
材　质：塑料、金属
制造商：美国Hallen公司

早在17世纪就已经有关于葡萄酒开瓶器的文献记载，但直到1795年才由英国的塞缪尔・享歇尔（Samuel Henshall）牧师首次申请了专利。他对早期的开瓶器进行了改良，在螺旋锥和把手之间加入了一块磁铁。他还推出了现在大家所熟悉的顺时针旋转方式。之后，有关开瓶器的设计难以计数，许多发明家和收藏家穷其一生对其进行钻研。但说到用起来最顺手、价格也最公道的自然当属Screwpull葡萄酒开瓶器。这款开瓶器堪称是开瓶器中的顶峰之作。发明Screwpull葡萄酒开瓶器的美国工程师赫伯特・艾伦拥有好几项与航空、钻油有关的专利权。1950年代的一次欧洲之行，让艾伦迷上了红酒。1975年，他以自己独特的方式来赞美红酒——发明了一款完美的开瓶器。塑料材质既易于生产又价格低廉，还可以轻松地夹住瓶口；只要握住造型时尚又符合人体工学的把手，将涂有特氟龙涂料的螺旋锥钻入软木塞，再加以旋转，就可以轻轻松松地将软木塞拔出来，而且使用后也很容易清洗和储藏。尽管有许多造型更为特殊的开瓶器，但这一款朴实的Screwpull葡萄酒开瓶器因其使用上的便利而风靡世界。

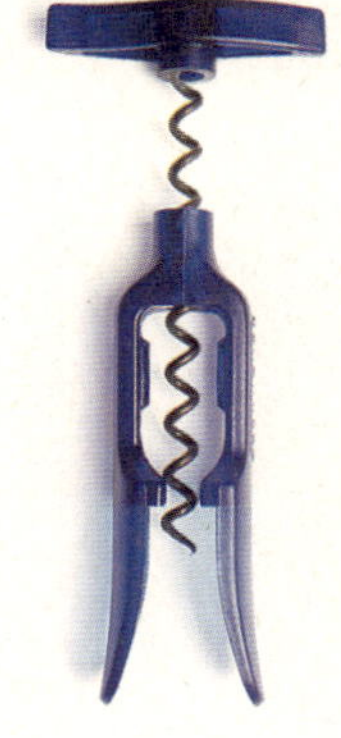

冰淇淋甜筒 Ice Cream Cone，1896年

发明者：伊塔洛·马尔基奥尼（Italo Marchioni），意大利人，1868～1954年
本款为美国Ben&Jerry's Homemade公司制造

19世纪末，意大利移民伊塔洛·马尔基奥尼在美国纽约的华尔街上推着推车贩售自制的柠檬冰淇淋。1896年，因为装冰淇淋的玻璃容器既容易摔，又容易丢，增加很多成本，他开始把可以吃的脆饼皮做成圆锥状的杯子来装冰淇淋。1903年，他为这一发明申请了专利。然而，他在冰淇淋甜筒史上的历史地位许多年里都不为人所知。反倒是另外许多人宣称自己是真正的发明者。

1904年举行的圣路易世界博览会（St. Louis World's Fair）的会场上有大约50个摊位卖冰淇淋，还有许多摊位在贩售脆饼。冰淇淋小贩查尔斯·曼其斯（Charles Menches）和大家一样，也是用盘子装冰淇淋。有天上午，他的生意特别好，准备好的冰淇淋盘全用完了，但还有大半天的生意要做呢，怎么办？刚好，在他隔壁的叙利亚籍小贩恩斯特·哈姆维（Ernest Hamwi）正在贩卖中东的特色小吃Zalabia——就是撒着糖的脆饼。曼其斯灵机一动，把甜饼一卷，在里面装上了冰淇淋。冰淇淋甜筒又一次诞生。

在同一个会场，艾比·杜玛（Abe Doumar）、大卫·阿瓦尤（David Avayou）、阿诺德·弗纳丘（Arnold Fornachou）和卡巴兹兄弟（Albert and Nick Kabbaz）等人，也都宣称自己发明了冰淇淋甜筒。毫无疑问，冰淇淋甜筒在这一届世界博览会上大出风头，所以当年度的世界博览会有了一个别号——“世界甜筒博览会”。

火花塞 Spark Plug，1904年

发明者：艾伯特·尚皮翁（Albert Champion），法国人，1878～1927年
款　式：Champion传统火花塞
材　质：钢、铜、陶瓷和其他材料
制造商：美国Champion火花塞公司

火花塞可以在电极的缝隙中产生火花，从而发动引擎。从摩托车到飞机，这些交通工具的引擎都离不开火花塞。查尔斯·林伯格（Charles Lindbergh）和艾美力雅·埃尔哈特（Amelia Earhart）用来飞越大西洋的飞机用到了火花塞。尼尔·阿姆斯特朗（Neil Armstrong）、布兹·艾德林（Buzz Aldrin）和迈克·科林斯（ Mike Collins）登陆月球用的太空船，在飞往月球的途中，第二节和第三节火箭也是利用火花塞点燃的引擎。图中这款是1966年推出的保时捷911所使用的火花塞。

20世纪初，火花塞的市场为法国厂商所垄断。1899年，著名的法国自行者兼摩托车手艾伯特·尚皮翁到美国参加比赛，发现在美国竟然找不到零件维修他从法国带过来的摩托车。他后来移居到密歇根州的菲林特（Flint）市，并于1904年成立了Champion火花塞公司。由于与其他股东之间出现了一些问题，尚皮翁后来离开了公司，但公司一直沿用原来的名字继续生产火花塞。

电线管理器 Cable Turtle，1996年

发明者：荷兰Flex Development BV公司，1988年成立
材　质：热塑型弹性橡胶
制造商：荷兰Cleverline公司

电线管理器的发明，要归功于注重家居摆设、不喜欢家里出现不完美物品的荷兰人。现代人的生活中到处都是各种电子、电器产品，与其抱怨失去了简单淳朴的生活，不如去寻找解决问题的好法子。这家荷兰公司，推出的这款设计精巧、使用方便的电线管理器，就能很好地整合收纳散落在各处的电线。

他们曾尝试用各种方法来收集电线，最终利用两块可向外翻折后再折回到原来位置的热塑性弹性塑胶壳，将电线缠绕在外罩里，从外面看就跟个乌龟壳似的。他们又制作出好几个原型，寻找把上下两块塑胶壳结合在一起的方法。这家设计公司非常注意工作环境，禁止使用任何有毒的黏着剂和有危险的装配方式。最后推出这款可以直接扣合、无须使用其他任何有毒的溶剂或材质的产品。电线管理器一共有三种尺寸，材质柔软、造型美观，深受消费者欢迎。

足球 Soccer Ball，1860年

发明者：不详
款　式：Nike Tiempo经典款，2004年
材　质：聚氨酯、碳乳胶
制造商：美国Nike公司

足球的历史悠久而灿烂，不仅可以凝聚人心，甚至还能平息战火。第一次世界大战期间，在法国北部战场对峙的英国军队和德国军队，自发地在1915年圣诞节休战，举行了一场足球比赛。早期的足球是用猪或牛的膀胱做的，有时还用人头做。1836年，查尔斯·古德伊尔（Charles Goodyear）为他发明的硫化塑胶申请了专利。在这之前，人们都还是用皮革包裹着的动物膀胱做足球。1855年，古德伊尔设计出第一颗塑胶材质的足球。1862年，林登（H.J.lindon）推出了第一颗充气式的塑胶足球。1872年，英国足球协会修改了1863年制定的比赛规则，规定足球“必须是直径介于27到28英寸之间的球形物”，直到此时，关于足球的大小和形状才有了明确的标准。之后，足球的大小再没改变，但形状和材质却经历了很多变化。人们曾经认为真皮制作的足球弹性会更好，也会有更好的飞行力量，所以尽管在1960年代已经出现了完全由合成材质制作的足球，但直到1980年代，合成皮才完全取代了真皮制作的足球。

美国的建筑师理查德·巴克明斯特·富勒（Richard Buchminster Fuller）曾经尝试用最少的材质建造出体积最大的建筑，他的方法是利用六角形、五角形和三角形，组合成一个接近于圆形的表面。现代足球采用了他的构想，整个球面由26个六角形和12个五角形组成，所以足球又被称为巴克球。足球表面所采用的黑白相间的设计，不仅是为了保持美观，也是为了让球员更好地判断球的转速和行进方向。

吸管汤匙 Spoon Straw，1968年

发明者：阿瑟·艾卡尼恩（Arthur A.Aykanian），美国人，1923年生
材　质：聚丙烯塑胶
制造商：美国Winkler/Flexible Products公司

18世纪时，荷兰出现过一端是吸管、一端是汤匙的银制餐具。其实，在更早的时候，波斯地区就已经在使用这种样式的餐具了。19世纪的维多利亚时代，英国有很多专门介绍餐桌礼仪和各种日常生活礼节的图书，有特定用途的餐具也很风行。以汤匙为例，当时就有边缘是锯齿状的葡萄柚汤匙、冰红茶搅拌汤匙，以及汤匙身中空、同时具有汤匙和吸管功能的长汤匙。这种汤匙的制作分成两个步骤：汤匙和汤匙身必须先分开打造，然后再结合在一起。直到20世纪出现了热成型的塑胶，尤其是1948年出现了聚丙烯，汤匙和吸管才实现了一体成型。

1888年，烟嘴制造商马尔文·斯通（Marvin Stone）发明了可以连续生产的纸吸管。1930年代，美国旧金山的约瑟夫·弗里德曼（Joseph Friedman）在去他哥哥的冰淇淋摊闲逛时，灵机一动，设计出了可以弯曲的吸管。塑胶的出现，让一般吸管和可弯曲吸管更为普及。汤匙吸管也跟着一起进入了塑胶与机械化生产的时代，生产过程的改变使吸管尾端的汤匙造型也相应地发生了改变，成为挖勺的样子。

方糖 Sugar Cube，1872年

发明者：亨利・泰特爵士（Sir Henry Tate），英国人，1819～1899年
制造商：英国Tate&Lyle糖业公司

据文献记载，早在14世纪，欧洲人就已经在使用糖。1872年，英国白手起家的糖业大亨亨利・泰特爵士发明了将糖制作成方块的方法，并为此申请了专利。除了拥有Tate&Lyle公司，他还是著名的伦敦泰特现代美术馆（Tate Gallery of Modern Art）的创办人。17世纪的欧洲，糖和黄金一样昂贵。到了18世纪，欧洲人对糖的喜欢有增无减，对糖的需求也日益高涨。

有一个很浪漫的传说：糖是由哥伦布在1493年由欧洲引进到中南美洲的。哥伦布在横跨大西洋之前，原本打算在西班牙附近的加纳利（Canary）群岛中的戈麦拉（Gomera）岛上做短暂的停留，却与当地的统治者贝翠丝（Beatrice）发生了恋情，在那里停留了一个月之久。当他离开时，贝翠丝送给他一段甘蔗，被他带到了美洲新大陆栽种。事实上，哥伦布很清楚糖的商业价值，早在1478年就已经将甘蔗从葡萄牙的马德拉（Madeira）群岛运送到意大利的热内亚。

甘蔗的大量栽种，使糖的价格下降，普及度大增。到了18世纪，糖已成为欧洲人日常生活中的一部分。果酱、糖果、可可和加工食品都很受欢迎，有些菜谱甚至建议我们在看来根本不可能出现糖的饭菜中放糖，比如鸡肉和米饭。泰特用简单、有效的方式制作出来的方糖，不仅易于生产，更适逢糖业勃兴的大好时机，从而一跃成为商业巨子。尽管在美洲新大陆上糖业有着黑暗的历史，但泰特在欧洲却被视为伟大的慈善家。1897年开业的泰特现代美术馆中展出了他所收藏的艺术品，他还捐款成立了英国利物浦大学图书馆。

不锈钢去味皂 Stainless Steel Soap，2001年

发明者：德国Blomus设计公司
制造商：德国Blomus设计公司

真是令人难以置信，这样一块造型优美的不锈钢圆石，竟然可以去除皮肤上的异味！这一发明早就由那些富有冒险精神的家庭主妇们实践过了——她们发现，在做完菜之后，如果手上沾上了大蒜味，只要在厨房的不锈钢洗碗槽中搓几下，就能利用在这个揉搓的过程中所释放出的铁离子来去除手上的异味。

平底牛皮纸购物袋

Flat-Bottomed Brown Paper Grocery Bag，1883年

发明者：玛格丽特·奈特（Margaret Knight），美国人，1838～1914年
查尔斯·史迪威（Charles Stillwell），美国人，出生时间不详
材　质：牛皮纸
制造商：美国Duro Bag制造公司

1870年，玛格丽特·奈特发明了平底牛皮纸袋。在此之前，人们不是用信封样的纸袋就是用粗布袋装东西——其形状完全取决于里面装的东西。奈特原来是一家纸袋工厂的员工，她设计出一个可以自动折叠、粘贴，并制作平底纸袋的机械零件。这个从小就喜欢弄点小发明的女人，后来成立了东方纸袋公司。奈特一共拥有26项专利。

查尔斯·史迪威在美国俄亥俄州的弗里蒙特（Fremont）工作，他也在1970年发明了一个可以制作直立式平底纸袋的机器，这个机器生产出的纸袋款式比奈特的更为先进。他称自己的发明为“自开式纸袋”，说这是“第一个可以直立的袋子”。

由于可以在上面印制自己商店的名称和商标，从而能在出售和包装产品时顺便起到免费的广告宣传效果，纸袋广受商家欢迎。现在全世界每年使用250多亿个纸袋。一般来说，购物纸袋根据所装物品大小共有14种不同尺寸。

玩具弹簧 Slinky，1945年

发明者：理查德·詹姆斯（Richard James），美国人，1914～1974年
　　　　贝蒂·詹姆斯（Betty James），美国人，1918年生
材　质：钢
制造商：美国Poof Toys玩具公司

玩具弹簧是机械工程师理查德·詹姆斯的意外之作。他任职于费城造船工业区时，有一天上班时，有个扭力弹簧（没有张力的弹簧）突然从架子上掉下来，有张力的弹簧通常跳几下就会停下，这个弹簧却一直在跳，从架子上跳到书上，再跳到桌子上，最后才跳到地板上。理查德把这个弹簧带回家给太太贝蒂看，他们两个人都意识到它很可能发展为一件有趣的玩具（其实一开始贝蒂对此很是怀疑）。之后的两年，理查德致力于寻找最为适合的钢丝，而贝蒂则整天抱着字典给这款玩具取名字，理想中的名字应该是同时结合光滑、弯曲和鬼祟等几种意思。想来想去，最后决定叫“slinky”（偷偷摸摸的，体态富有曲线的）。1945年，他们投入500美元成立了詹姆斯工业公司，委托当地一家工厂生产了400个玩具弹簧，利用圣诞节的档期，在费城的Gimbel's百货公司展销。理查德说服了他的一个朋友来现场参观并买下了第一个玩具弹簧——这只弹簧当时被放在商店橱窗里的斜板上展示。当天，400个弹簧在90分钟内全部售罄。

后来理查德还发明了一种机器，只需要10秒钟就可以将长达61英尺的铁丝缠绕成80个螺旋圈。1956年，James Springs&Wire公司成立，主要是运用理查德所发明的机器，专门生产玩具弹簧。19世纪60年代，理查德精神崩溃，离开了太太和六个子女，加入了一支来自玻利维亚的教派。贝蒂接任了公司CEO一职，将公司搬到了宾夕法尼亚州的霍利迪斯堡（Hollidaysburg），并用银色的美国金属线圈，取代了原来的蓝黑色瑞典不锈钢。

从其1943年诞生至今，玩具弹簧所使用的铁丝长度足可以绕地球126圈。

多米诺骨牌 Dominoes，13世纪

发明者：不详
本款为美国Kardwell International 公司所制造

骨牌过去多是由象牙或兽骨做成，现在则多采用塑胶或木头材质。长方形的骨牌用黑檀木或珐琅做成，上面点缀着一些白色的牌点，起源于12世纪的中国。不过，考古学家在公元前12世纪过世的埃及法老王图坦卡门（Tutankhamen）的陪葬品中，也发现过类似造型的东西。没有人知道骨牌为什么叫多米诺。有人说这是因为骨牌黑白相间的配色与天主教神父穿的袍子很相似。也有人说多米诺是一种黑白面具的名称。

骨牌最初被用来记录投掷骰子的比数——投两颗骰子可能出现22种不同的结果，每张骨牌刚好可以代表一种结果。后来骨牌逐渐发展为一种游戏。18世纪早期，这种游戏被意大利人传到了欧洲。欧洲人发明出一种新玩法，在游戏中加入了一张空白牌，迄今为止，没有人知道这张牌在当时的游戏中充当什么角色。每个数字在一套骨牌中一共出现八次。风靡欧洲之后，骨牌很快又流传到了美国，但一直到1920年代，麻将开始在北美风行后，骨牌才跟着流行起来。据说，林登·约翰逊（Lyndon B.Johnson）总统也是一个骨牌迷。

Jelly Belly糖豆 Jelly Belly Jelly Beans，1976年

发明者：赫尔曼·格利茨·罗兰（Herman Goelitz Rowland），美国人，1941年生
制造商：美国Herman Goelitz糖果公司，现更名为Jelly Belly糖果公司

1976年之前，Jelly Belly糖豆只有外壳存在口味的分别，里面则全都是糖浆。现在的糖豆外壳和糖心则都是一样的口味。这一进步可不容小觑。制作一颗Jelly Belly糖豆需要七天的时间：首先要制作不同口味的糖浆，然后将煮好的糖浆倒在撒好了玉米淀粉的托盘上，每个托盘上有1260个同样大小的凹槽，之后再放到干燥室冷却。接着，去除沾在上面的玉米淀粉后，再送进一个地方裹上糖衣——公司内部的人将那里称作“蒸汽浴室”。裹好糖衣的糖豆在放置24到48个小时后，被倒入旋转的锅炉内，利用法国糖果制造商在15世纪发明的方法，裹上由四层糖浆组成的外壳，这道工序需要两个小时。之后，再用类似打磨、抛光石头的手法，把糖豆倒入糖汁，使其在里面翻滚并上色。然后，再放个2到4天。最后一个步骤则是印上Jelly Belly的字样。

1976年，Jelly Belly糖豆刚推出时只有8种口味：樱桃、柠檬、冰淇淋汽水、橘子、青苹果、沙士、葡萄和甘草，现在则有40多种口味，每种口味都尽量选用天然的材料，比如花生酱、巧克力、梨子和椰子，再加上果汁和其他粹取物。

ISBN
UPC
45863 60275
6

条形码 Bar Code，1948年

发明者：诺尔曼·约瑟夫·伍德兰（Norman Joseph Woodland），美国人，1921年生
伯纳德·鲍勃· 西尔弗（Bernard Bob Silver），美国人，1962年去世

1948年，美国费城一家连锁食品的董事长邀请费城德瑞索理工学院（Drexel Institute of Technology）的教授设计一套可以在结账时自动读取商品信息的系统。伯纳德·鲍勃· 西尔弗当时正在读研究生，他听说了这一消息后，决定和好友诺尔曼·约瑟夫·伍德兰一起进行研究。伍德兰最开始的想法是采用在紫外线照射下可以发光的墨水，后来发现效果不好，成本也太高。他们设计的第一代条码由一组同心圆组成，基本形态与现在的条形码类似，黑色背景上有一些四条白色直线，直线的数目越多，里面包含的信息也就越多。1949年10月20日，是条形码的真正诞生日。这一天，他们为这种以颜色和线条来将商品分类的系统申请了专利。但一直到1974年，条形码的时代才真正来临。这一年，美国俄亥俄州特洛伊（Troy）的一家超级市场安装了一台可以读取通用商品条形码的读码机。第一个通过结账柜台的是十粒一个包装的水果口香糖，目前这一商品在史密森尼美国国立历史博物馆（Smithsonian Institution's National Museum of American History）展出。

斜口眉毛夹 #1 Slant Tweezer，1980年

发明者：美国Tweezerman公司，1980年成立
材　质：不锈钢、烤漆
制造商：美国Tweezerman公司

镊子是一种可以利用其尾端来夹取细小物件的工具。无论是柔软的发丝还是精致的宝石，都能利用镊子来夹取。早在公元前4000年，人类为了避免烫伤双手，就已经开始用类似的工具来夹取物品了。在石器时代的岩洞壁画中，有描绘当时的人类用两根木棍夹住食物在火上烤的画面。罗马时代的文献中也有对当时的造船者用镊子拔出木头上的钉子的描述。中世纪欧洲的历史资料中也曾经提到过类似镊子的工具。

最早用于化妆的小夹子出现在现在的伊朗境内。当地的一个部落在制作精美的手链时，用小夹子夹取细小的宝石，他们同时也是第一个将小夹子用于面部装饰的民族，当时小夹子不仅是必需品，也是很贵重的物品。左图所选这款富有代表性的眉毛夹是美国Tweezerman公司的经典设计。这家公司成立于1980年，专门生产各种化妆器具，后来被世界著名的高级不锈钢工具生产商之一德国Solinger公司合并。

夹子家族不断发展壮大。科学家最近新研究出一款可夹取大小只有五百纳米（十亿分之一米）物品的小夹子，人们称其为纳米夹。

咖啡杯隔热套 Java Jacket Coffee-Cup Sleeve，1993年

发明者：杰伊·索伦森（Jay Sorensen），美国人，1958年生
材　质：再生厚纸板
制造商：美国Java Jacket公司

灵感的来源多种多样，有时候简单得令人难以置信。1991年的一天，从事房地产中介的杰伊·索伦森不小心把热咖啡倒在了自己的大腿上——他手上拿的那杯咖啡实在太烫了。为了不再重蹈覆辙，他设计了一个用纸板做成的隔热套，可以套在常用的咖啡杯上，他还和太太科琳（Colleen）带着这个发明到西雅图参加了展览。

隔热套以再生纸生产的厚纸板为材料，制作起来很容易。事实上，许多大公司陆续推出了类似的产品，但索伦森一直有不少忠实的客户，使他的公司得以经营到现在。

玻璃弹珠 Glass Marbles，1906年

发明者：马丁·克里斯坦森（Martin F.Christensen），出生于丹麦，美国籍。

玻璃弹珠在20世纪上半叶非常受欢迎，事实上，弹珠在数千年来一直就是最佳的玩具和装饰品。最早的弹珠有的是用廉价的石头做的，有的则是用昂贵的大理石做成。19世纪初出现了陶瓷做的弹珠。1846年，一位德国的玻璃工匠，用特制的剪子制作玻璃弹珠，加快了弹珠的制作过程，使得弹珠大放异彩。1890年代，从丹麦移民到美国的马丁·克里斯坦森，发明了可以大量生产玻璃弹珠的机器。他在1905年为这一发明申请了专利，并在美国俄亥俄州开办了一家工厂。到了1914年，他的工厂每个月可以生产上百万颗玻璃弹珠。

在1920和1930年代，玩弹珠比今天的篮球运动还受年轻人欢迎。当时由各大报纸举办的弹珠比赛几乎和现在的拼字比赛一样普遍。美国新泽西州的怀尔德伍德（Wildwood）到现在依然举办全国弹珠比赛，英国的Tinsley Green每年也都会举办世界弹珠冠军赛。据说，16世纪时有两个年轻人喜欢上了同一个女孩子，他们决定用弹珠比赛来决定胜负，这就是世界弹珠冠军赛的起源。

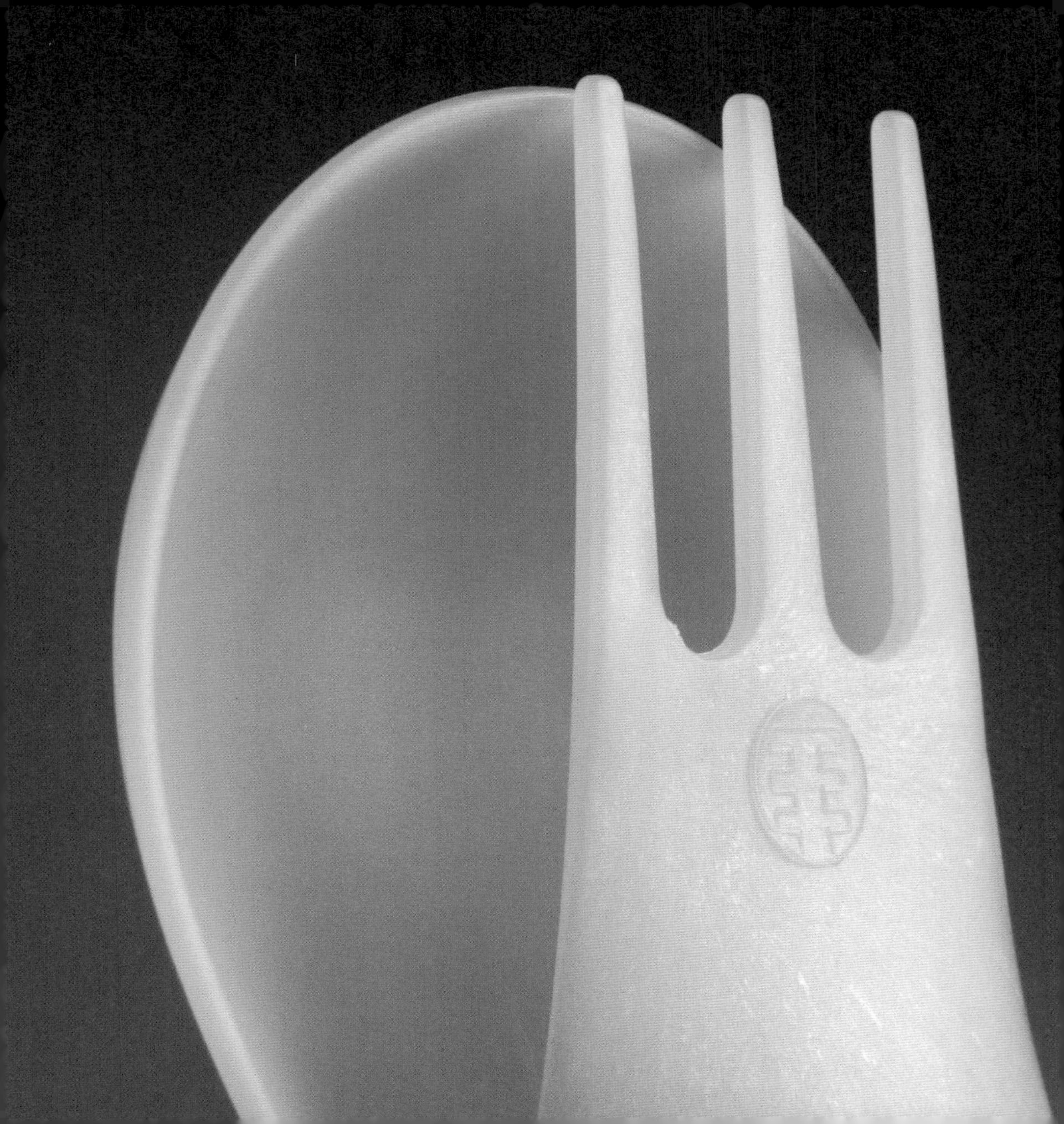

乌贼抛弃式叉匙 Moscardino Disposable Spoon/Fork，2000年

发明者：朱利奥·拉凯利（Giulio Lacchetti），意大利人，1966年生
马泰奥·拉尼（ Matteo Ragni），意大利人，1972年生
材　质：生物塑料（由玉米、小麦和马铃薯的淀粉制成）
制造商：意大利La Civiplast Snc di Vittorio e Ciro Boschetti公司

早在150多年前就已经出现了汤匙和叉子的综合体，但一直到1970年才有人申请叉匙（Spork）的商标。叉匙是一种多用途的工具，一端是汤匙，一端是叉子。由于它造型奇特，在意大利被称为“小乌贼”。乌贼叉匙由用玉米、小麦和马铃薯的淀粉做成的生物塑料（在意大利，这种材料也用被生产回收资源的专用垃圾袋）制成，可以完全自然分解。尽管这款叉匙可以使用多次，但是由于这种材质的耐热度只有摄氏120度，不适合放进洗碗机清洗，大多数人还是将其当成是抛弃式餐具。

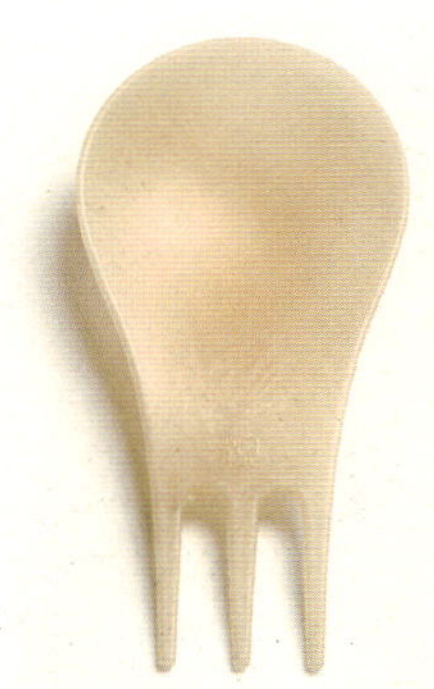

I
NY
®
I NY IS A REGISTERED TRADEMARK AND SERVICE MARK OF THE NEW YORK STATE DEPARTMENT OF ECONOMIC DEVELOPME
USED WITH PERMISSION
USED UNDER LICENSE BY M.B.S. LOVE UNLIMITED. INC.

我爱纽约Logo I♥NY Logo，1976年

发明者：米尔顿·格拉泽（Milton Glaser），美国人，1929年生
此款为“我爱纽约”T恤衫

几乎每个美国人家里都有一件“我爱纽约”T恤衫或马克杯，再不济也会有一本里面有“我爱纽约”图案的杂志或书籍。“我爱纽约”的标志几乎无所不在，并且历久弥新，是一个相当成功的商标设计。1975年2月，纽约市政府面临着破产的危险，其赤字高达10亿美元，30万名纽约市民刚刚失业，犯罪率不断上升，清洁工已经连续罢工一周，整个纽约市都面临着前所未有的危机。为了走出困境，纽约市商务局邀请著名的广告行销公司Wells Rich Greene为纽约市设计一款商标，没想到这个Logo竟然成为有史以来使用最为广泛的标志。当时担任该公司高级主管的玛丽·威尔斯·劳伦斯（Mary Wells Lawrence）说，参与这一设计案的人很多，从率先表示纽约市民对这个城市依然很有感情的纽约市长休·加里（Hugh Garey），再到广告公司的各位工作人员，都参与了这一Logo的设计。广告公司还推出了以百老汇为中心的宣传活动，请广告音乐创作者史蒂夫·卡门（Steve Karmen）创作了歌曲，邀请著名歌星弗兰克·西纳特拉（Frank Sinatra）、摩根·费尔柴尔德（Morgan Fairchild）和尤尔·伯连纳（Yul Brynner）演唱，并委托当时著名的平面设计师米尔顿·格拉泽设计活动海报。格拉泽交给广告公司好几个提案，但最后被选中的却是他随手在餐巾纸上画的设计。为了让爱的精神传遍世界，纽约市没有为“我爱纽约”这一设计申请版权，而是将其当作送给全世界的一份礼物，让世界各地的人都能用它来表达爱。

锯齿状瓶盖 Crown Bottle Cap，1892年

发明者：威廉·佩因特（William Painter），美国人，1838～1906年
材　质：金属、聚氨乙烯塑胶
制造商：美国Crown Beverage Packaging 公司

19世纪末，瓶装的碳酸汽水非常流行，不过当时的瓶盖设计很不科学，气体常常会溢出来。不管是简单的软木塞，还是精致的陶瓷瓶盖，或者是塞在瓶口的玻璃弹珠，都无法解决这一问题。只有金属瓶盖能够完全封住瓶口的二氧化碳形成的高压，避免气体从瓶口溢出来。但是，金属瓶盖容易破坏汽水的味道。为了解决这一问题，威廉·佩因特在瓶盖内侧加上了一小片纸或软木片。1892年2月2日，他为这一发明申请了专利。他总共拥有80多项专利。他所设计的金属瓶盖，简单而又经济实惠，并且完全防漏。

后来佩因特开发出一套简单快速的加盖方法，还对汽水瓶的瓶颈进行了设计，并推出了锯齿状的瓶盖。一款机器可以将金属片放在玻璃瓶口上，同时将瓶盖边缘压成锯齿的形状，以平均分配瓶口所承受的压力。1898年，他推出了一套可以同时完成装瓶和加盖两道工序的机器，使锯齿瓶盖成为饮料业的标准装备。从1960年代开始，瓶盖内的软木片渐渐被塑料片所取代。现在的瓶盖只有21个锯齿，而佩因特当年设计的是24个锯齿。整体而言，汽水瓶盖的设计真是经得起时间的考验。

活页式万用手册 Filofax Ring-Bound Organizer，1970年代

发明者：英国Normal&Hill 公司，1921年成立，后改为Filofax公司
材　质：皮、钢、纸
制造商：美国Filofax公司

Filofax原来是一个公司名称，在英文中是“手写档案”（file of facts）的意思，后来却成了万用手册的代名词——正如最开始Band-Aid 是创可贴的商标、kleenex是卫生纸的商标，后来成了这类商品的代名词一样。在1980年代，万用手册甚至被认为是身份的象征。万用手册最早是由成立于1921年的英国Normal&Hill公司推出，其构想来源于第一次世界大战期间美国军人所使用的管理薄系统。在这个公司成立的第一个20年里，最大的客户就是重视时间管理的英国军方，后来市场渐渐扩展到了教会和学校。万用手册的发展史与战争息息相关。1940年，公司被德国军队炸毁，幸运的是，公司被炸后，员工格雷斯·史柯尔（Grace Scurr）保存下来的万用手册，记录有公司里的所有重要资料，公司才得以顺利地恢复运营。1943年的时候，据说有位军人正是因为放在胸前口袋里的万用手册挡住了一颗子弹才保住了性命。

1976年，痴迷万用手册的科琳逊（Collischon）夫妇买下了Normal&Hill 公司，将其改名为Filofax。如今的万用手册富有特色，很吸引人。有些色彩鲜艳，有些外皮使用价格昂贵的真皮，但最重要的还是其功能性。除了基本的时间管理表格和通讯录之外，还发展出了各种便条纸和分隔页。有些旅游书籍和地图也采用活页式万用手册的方式出版，有些电脑软件可以以万用手册的格式要求处理资料。各种便利贴和贴纸的推出，使万用手册在功能性之外，也成了个人化的艺术表达空间。不管PDA或黑莓手机如何方便，万用手册的地位还是无法被完全取代。

双层茶包 Double-Chambered Tea Bag，1949年

发明者：阿道夫·兰伯德（Adolf Rambold），德国人，1900～1996年
材　质：纸
制造商：德国Teepak茶叶公司

20世纪初，茶包开始在美国出现。最开始的时候，茶商用丝绸做成小袋子装茶叶，当作送给客户品尝的样品包。第一次世界大战前，棉布做的包装袋风行一时。1920年代初，自动茶包机出现。1930年，第一批用打过孔的羊皮纸做的茶包问世。从此，茶叶不再受茶包材质影响，而可以保留茶叶的原味。

1949年，生产茶包的机械公司Teekanne（曾经是Teepak茶公司的股东）的一位工程师阿道夫·兰伯德发明了制作双层茶包的机器，并于同年年底申请了专利。这款茶包由完全无味的滤纸组成，茶叶被装在两个分开的空间中，热水可以自由地在茶叶间流动，比起原来那种将茶叶挤在一起的茶包，茶叶的香气更易挥发出来。这种茶包不用任何黏着剂，而是利用一种特殊的折叠方式，这可以进一步避免破坏茶叶的香味。

从此后，绝大多数的茶包都采用双层设计（在美国是90%，在欧洲则是100%）。兰伯德设计的机器，使喝茶不再是少数人的享受，普通民众也能享用茶叶的美味。目前世界各地大约有60%的茶叶被制作成茶包。

压克力盒 Boxes，1965年

发明者：吉恩・赫维特（Gene Hurwit），美国人，1906～1988年
材　质：压克力
制造商：美国AMAC Plastic Products公司

不管是007系列电影的布景师，还是上网出售垃圾的纽约市民，每个人都想拥有一只方形的压克力盒。1960年，原来在旧金山从事毛皮清理工作的吉恩・赫维特退休后买下了宣告破产的塑胶工厂AMAC，他原本想把工厂整顿好后出售，后来发现卖不出去，只好想办法把工厂经营下去。

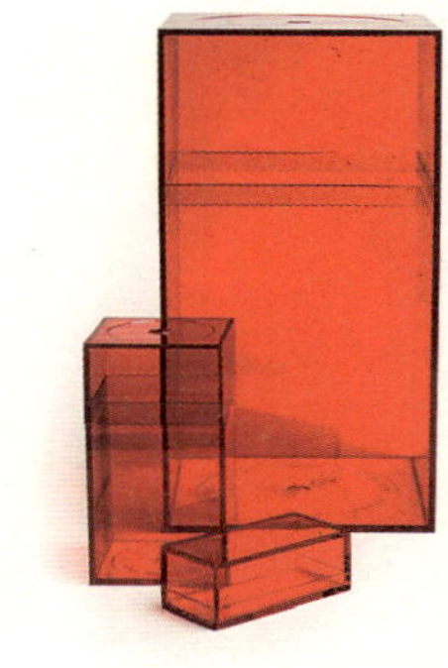

当有家制药厂委托赫维特生产一款方形塑胶盒以更有效率地储存药品时，他发挥自己对现代建筑的喜好，选用古典的比例，设计出一款造型方正的药盒。这款药盒采用透明材质，以方便药师取药。为了避免药品受到紫外线的照射而影响效力，盒子必须稍微带一点颜色。当时只有金色的塑胶材料是半透明的，所以第一批推出的盒子只有金色的。赫维特后来完善了这一设计，制作出了各种不同大小的盒子，卖给海滨小镇苏沙利多（Sausalito）那些富有艺术气息的小店，旧金山附近的商店也有发售。在意识到这中间蕴藏的巨大商机后，赫维特想开发新的色彩原料。他从当地的瓷器工厂借来了上釉用的染料，倒入已经调配好但还没有凝结成形的塑料中。最终他的实验成功了。1960年代中期，已经有12种不同大小和10种不同颜色的盒子了。

当压克力盒被艾伦・斯皮格尔曼（Alan Spigelman）发现后，成为一款经典设计作品。斯皮格尔曼来自纽约，他对于当时的美国设计界举足轻重——他曾经率先将经典设计作品黑光灯（black light）和熔岩灯（lava lamp）引进美国。他最早把压克力盒带到纽约的中国城贩售。但使压克力盒真正赢得影响力的还是安迪・沃霍尔（Andy Warhol）。1968年，这位著名的波普艺术大师替卡斯特利画廊（Castelli Gallery）完成的一件作品，就是直接在压克力盒以丝网印刷的工艺印上10位艺术家的肖像。

超级球 Super Ball，1965年

发明者：诺曼·斯汀格利（Norman Stingley），美国人
材　质：弹性塑胶聚合物
制造商：美国Wham-O公司

1960年代初，化学工程师诺曼·斯汀格利意外地发明了一种新的合成材料“Zectron”（聚丁二烯和硫的化合物），这种材料以每平方英寸3500磅的压力压缩而成，弹性极佳。他把这种新材料拿给Wham-O公司的创办人理查德·科纳（Richard Knerr）和阿瑟·梅林（Arthur “Spud” Melin）看，最终促成了超级球的诞生。这个新玩具一问世就大受欢迎，并迅速掀起了一股热潮，每年的销售额高达2000万美元。但是，不久后廉价的复制品开始到处都是。于是，公司决定停止销售。后来迫于许多超级球迷的压力，公司决定再度推出超级球。新款的超级球采用的材料弹性更高，每平方英寸可以承受5000磅的压力。它比其他任何球都跳得高，每一次弹跳高度为前一次的90%。在澳大利亚的一次庆典上，工作人员不小心把一个为了宣传而特地制作的超大型超级球从23层高的酒店房间中掉了出去，这个球在弹回15层楼的高度后又往下掉，结果刚好掉在停在楼下的一辆敞篷车上。车被砸坏了，但球却毫发无伤。

Bic Cristal透明圆珠笔 Bic Cristal，1950年

发明者：法国Décolletage Plastique Design Team
材　质：聚苯乙烯、聚丙烯塑胶、碳化钨
制造商：法国Société Bic公司

1938年，一位名叫拉斯洛·比罗（Laszlo Biro）的匈牙利记者利用印报纸的油墨，发明了第一枝圆珠笔。由于油墨的质地太过浓稠，流动起来比较慢，一般的笔用起来很不舒服，所以比罗想出了一个办法，在笔尖装上小圆珠，这样书写时圆珠会黏附从笔管中流出的墨水，在纸上留下痕迹。

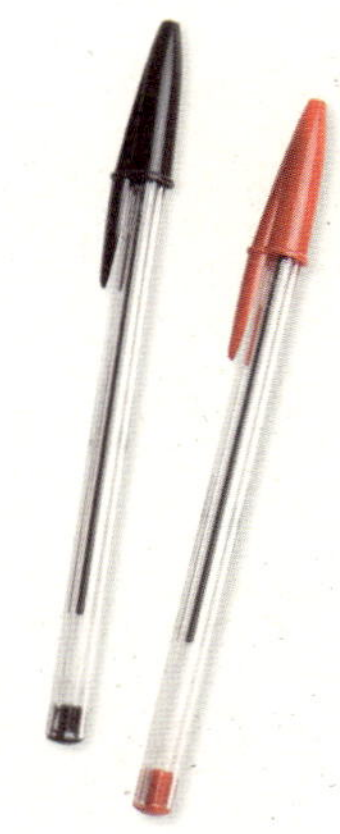

1945年，法国男爵马塞尔·比荷（Marcel Bich）买下巴黎近郊的一家工厂，生产钢笔和自动铅笔的零件。比荷买下了拜罗的发明专利，于1950年推出了一款以自己名字命名的圆珠笔。著名的Bic Cristal透明圆珠笔与之前的各种圆珠笔相比，是一个巨大的进步。事实上，比荷做了很多次实验，最终决定以性能更为稳定的硬质合金碳化钨取代原先使用的铜。他还采用了当时推出不久的塑胶聚合物。Bic Cristal圆珠笔是工艺上的完美之作。现在，全世界每天有1400万支Bic Cristal圆珠笔售出。

Bic Cristal圆珠笔头尾各有一个洞，笔尖的那个是为了符合英国的官方标准，这样使用者不小心把笔吞下喉咙也不会造成窒息。另外一个洞在笔管末端的1/3处，目的是防止笔管内形成真空使墨水无法流向笔尖。

搅拌器 Whisk

发明者：不详
材　质：不锈钢

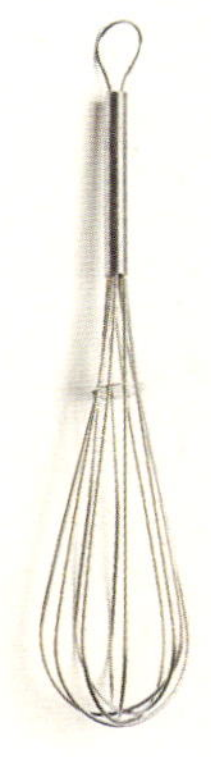

厨房里有很多历史久远、造型优美的器具。有些厨房器具，例如大多数的木匙和一部分汤锅，一直保持着本来的面目。其他一些器具则通过对新材质和新技术的运用不断进行着改变，例如卫生、防锈而且耐高温的不锈钢。

搅拌器的英文名称“whisk”，在古北欧语中是快速移动的意思。根据历史记载，早在1577年，搅拌器就被用来打鸡蛋。但在更早的时候，许多地方就已经有这种器具存在了，只是在不同的文化中它有不同的名字。几个不锈钢的铁圈束在一起固定在把手中，造型优雅而简单，堪称无名设计中的经典之作。

Solo旅行者咖啡杯盖 Solo Traveler Coffe-Cup Lid，1986年

发明者：杰克·克莱门茨(Jack Clements)，美国人，出生时间不明
材　质：聚苯乙烯塑胶
制造商：美国Solo Cup公司

问题很简单：如何避免热咖啡从便携式的杯子里溅出来，同时还不能把咖啡弄凉了——很难相信是一杯热茶引发的一个问题。解决这一问题要涉及工程学，有时还要涉及实用装饰，其复杂程度几乎可以写一篇设计评论方面的博士论文。最开始时，咖啡杯盖是一块没什么特色的厚纸板，后来才出现了塑料盖——盖子的边缘上有个环状的边是为了增加力量。1980年代出现了带着可以打开的小孔的杯盖，这样不用打开整个盖子，就可以从容地饮用里面的咖啡了。1986年推出的Solo旅行者咖啡杯盖，取代了之前那些边缘平整的杯盖。设计者杰克·克莱门茨把杯盖弄得像个圆屋顶，这是为了使人们在喝咖啡时还能同时闻到咖啡的香气，这样一来，喝的时候也会觉得更为享受。当泡沫较多的卡布其诺和拿铁咖啡开始流行时，这种独特的设计让Solo咖啡杯盖意外地成了唯一的赢家。杯盖业竞争激烈，Solo咖啡杯盖的迅速成功，也带来了不少效仿者。Solo公司在1940年曾推出过一款圆锥状纸杯，公司名称正是从这款纸杯那里得来。不久前，Solo公司又推出了一款Solo 旅行者升级版咖啡杯盖，这款杯盖的边缘有个小孔，饮用者用一只手就可以轻易开合。

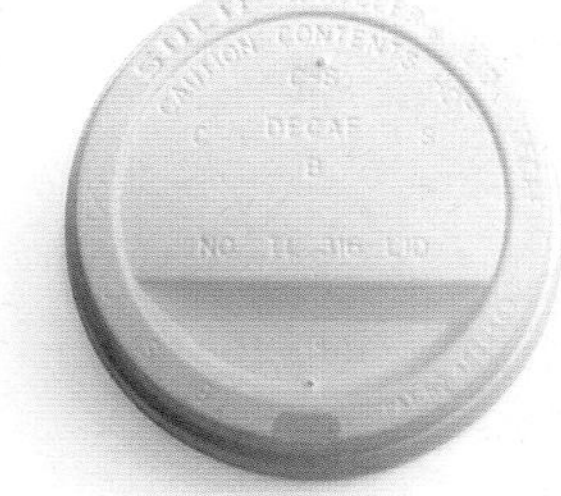

卡片式手电筒 Flashcard，1992年

发明者：莱恩·辛克莱(Iain Sinclair)，英国人，1943年生
材　质：卡纸、灯泡、电池
制造商：英国Iain Sinclair公司

莱恩·辛克莱是一位多产的发明家，他在1983年时有了关于扁平式的手电筒的构想，这一年，美国宝立莱公司(Polaroid)也推出了第一款扁平型电池。1988年，辛克莱推出他的第一款扁平式手电筒 “灯刀”（Liteblade），这款由不锈钢制成的手电筒只有五毫米厚。这款手电筒在市场上取得了很大成功。4年后，卡片式手电筒问世。这款手电筒由两颗亮度非常高的迷你灯泡和一个圆形开关构成，外面是一个卡纸做的封套——封套上可以印企业的商标或Logo，这使其拥有了一个更为广阔的市场。卡片式手电筒可以轻轻松松地放在口袋里，只要用食指和大拇指轻轻一按就可打开。最近，辛克莱又推出两款手电筒，一款外壳采用半透明卡纸，内部构造让人一览无余；另一款则可以用来当作直尺和其他测量工具。

便利贴 Post-it Note，1977年

发明者：亚特·弗莱(Art Fry)，美国人，1931年生
材　质：纸、黏着剂
制造商：美国3M公司

本书介绍的大多数日常生活用品都对人类产生过巨大影响，比如Bic Cristal圆珠笔和瑞士军刀，它们不仅传遍世界各个角落，也衍生出不少类似的产品。这些实用、简单、价格适宜的革命性产品，已经成为我们生活的一部分。

便利贴亦是如此。有相当一部分人无法想象没有了这些“贴纸”的生活。最早的便利贴是四方形的——这种形状在大多数时候被认为是代表理性，颜色是黄色——因为够引人注目，同时也是为了方便复印。生产商曾经描述过这一技术是如何被研发的：1968年，3M公司的斯潘塞·西尔弗（Spencer Silver）博士，在研发强力黏着剂时，意外地调和出一种可以粘贴但在撕开时不会损害物体表面的黏胶。

然而之后的许多年，西尔弗博士的这一发明都没有得到利用。3M公司的新产品研发人员亚特·弗莱总是为那些不时掉出书本的老式书签所困扰，他想到了这种黏胶，如此一来就可以把书签贴在书里，必要时再取下了。带着这些黏胶的纸片一开始只是被当作书签，后来又被当成便利帖，很快又衍生出无数的相关产品。甚至有一款电脑软件就叫“Stickies”，可以让你的电脑屏幕上出现一个类似便利贴的工具条。小小的黄色正方形便利贴已经在现代生活中不可或缺了。

黑色发夹 Bobby Pin，1920年

设计者：不详
构　质：钢
制造商：美国Goody Products公司

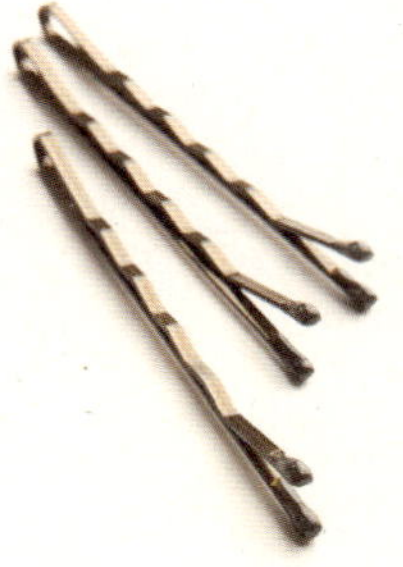

没人清楚地知道发夹的真正起源。弯曲的发夹起源于16世纪的英国，但一直到20世纪初发夹才真正普及起来，当时年轻女孩们刚好流行短发，发夹可以把头发更好地固定起来。发夹的波纹造型及其尾端的塑胶套都是为了把头发夹得尽可能结实。

正如美国Goody Products公司的前董事长伦纳德·古德曼（Leonard Goodman）所言："机械服务于设计，设计有时也为机械服务。"这家公司的创始人是他的曾祖父亨利·古德曼（Henry Goodman）。1907年的时候，亨利还在纽约街上叫卖镶着水钻的梳子，现在这家公司已经是美国顶尖的美发用品公司。Goody Products公司开发了一套自动生产系统，可以将直径为8毫米的铁线压成厚度只有1/10英寸的铁片，并在其表面涂上漆。在用机器把压扁的铁线截成所需的长度后，送进烤箱，使表面的环氧树脂涂层更为牢固，并加强不锈钢的硬度。另外一项重大的技术进步是通过机器，将60至80根不等的发夹装到纸片上，完全不需要人工。耗费了数十年想使这一生产流程尽可能地趋于完美。1993年，Goody Products公司出售时，发夹的整个生产流程的机械化程度已经相当高了。

耳塞 E-A-R Earplug，1972年

发明者：罗斯·加德纳（Ross Gardner），美国人，1933～2000年
材　质：聚氯酯泡棉
制造商：美国Cabot Safety公司

吵闹的邻居、喧闹的车辆声……我们生活的周遭有许多噪音，为了不受其干扰，一对简单的耳塞变得十分重要。

对于耳塞设计而言，最重要的一点不是它的形状，而是材质的选择——不仅能够隔绝噪音，同时还要尽可能的卫生。蜂蜡和黏土做成的耳塞已经是很久以前的事了。1962年，音乐家雷·本纳（Ray Benner）和他的太太塞西莉亚（Cecilia）开始生产用弹性树脂做成的耳塞。十年后，罗斯·加德纳受到耳机套内的泡棉启发，设计了一款新型的可随意使用的耳塞。

我们生活中干扰与噪音越来越多，就连在飞机上都要允许使用电话了。记住我的话：我们将用新的眼光来看待耳塞，而且会发现它们比从前更为重要。

摩卡咖啡壶 Moka Express Coffeemaker，1933年

发明者：阿方索·比亚莱蒂（Alfonso Bialetti），意大利人，1888～1970年
材　质：铝
制造商：意大利Bialetti公司

这是一款很便宜的咖啡壶，在意大利，有95%的家庭拥有一只。它可以煮出最美味的咖啡，有四种不同的尺寸：3杯、6杯、9杯和12杯——这里指的是意大利著名的浓缩咖啡杯，在意大利，这已经是一种很通用的度量工具了。水在摩卡咖啡壶的底部加热后，会化为蒸汽，然后再通过滤器中的咖啡粉，喷流到上层的容器中。

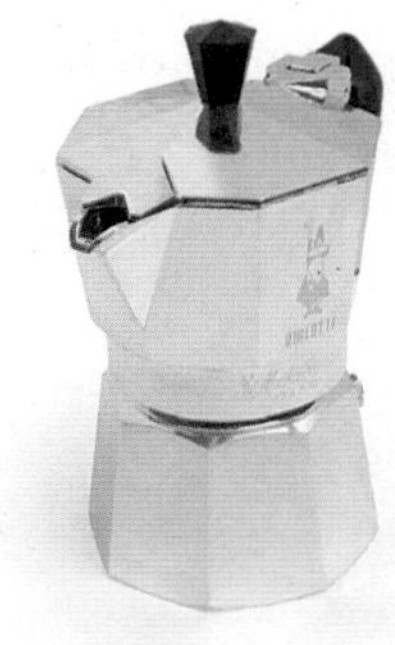

摩卡咖啡壶在1930年代出现。与不锈钢或铁等金属相比，铝更适合用来制作咖啡容器，因为它与水产生的化学反应，能让咖啡的味道更香。但是，一直到1950年代，在阿方索·比亚莱蒂的弟弟雷纳托（Renato）将其进行商业化的操作后，摩卡咖啡壶才开始普及开来。 还有一个细节值得一提：在每把Bialetti摩卡咖啡壶上都有一个留胡子的人，那就是比亚莱蒂本人。

Kadokeshi橡皮擦 Kadokeshi Plastic Eraser，2001年

发明者：神原秀夫（Hideo Kanbara），日本人，1978年生
材　质：橡胶
制造商：日本Kokuyo公司

大部分长方形的橡皮擦都有8个角，在用了一段时间之后，这些角就会变平，这些橡皮也就不那么好用了。而Kadokeshi橡皮擦有28个角，这一特点大大提高了那些整天忙着写写画画经常使用到橡皮的设计师和作家的工作效率。Kadokeshi这一名称来源于两个日文单词：kado（意思是“角”）和 keshigomu（意思是“橡皮擦”）。这款橡皮擦由十个交错的立方体组成，它们连在一起形成了一个有许多空间的多角体。它的28个小角使其比那种有8个大角的传统橡皮擦好用多了。

Kadokeshi橡皮擦甫一推出就大受欢迎，但最开始使用的是和其他橡皮擦一样的材料，因为任何一个角的支撑力都降低了，所以用的时候很容易断裂。生产商Kokuyo公司调整了材料的成分，用更为坚固的材质生产出的橡皮擦更为耐用。这款橡皮擦的成功，促使Kokuyo公司于2002年推出了Kokuyo设计大奖，鼓励大众设计出更多像Kadokeshi橡皮擦那样对绘画与写作可以做出重大贡献的产品。

m

M&M's巧克力 M&M's，1930年代末

发明者：福里斯特·玛斯（Forrest Mars），美国人，1904～1999年
制造商：美国M&M's公司

据说M&M's巧克力的诞生与西班牙内战（1936～1939年）有关。当时M&M's公司的创办人福里斯特·玛斯——他是M&M's的第一个M，第二个M是他的合伙人布鲁斯·米尔勒（Bruce Murrle）——在去西班牙旅行时，看到西班牙军人吃一种外壳包裹着硬糖衣，以避免里头的巧克力融化的糖果。他从中受到启发，回到美国后，在自己家的厨房里研发出了M&M's巧克力的配方。1941年用纸筒包装的M&M's巧克力开始投放市场。因为可以在任何天气中运送，M&M's巧克力被军方大量采购，在第二次世界大战期间受到美国军人的喜爱。1940年代后期，M&M's巧克力开始在公众中流行。1948年，包装由纸筒改成现在为我们所熟悉的咖啡色塑胶袋。1954年，M&M's推出花生口味的巧克力。同年，M&M's公司为其著名的“只溶你口，不溶你手”广告语申请了商标保护。

近年来，M&M's不断推出的灰色和粉红色等新颜色的限量版巧克力让众多喜好者为之着迷，而原有的其他颜色逐渐退出市场。

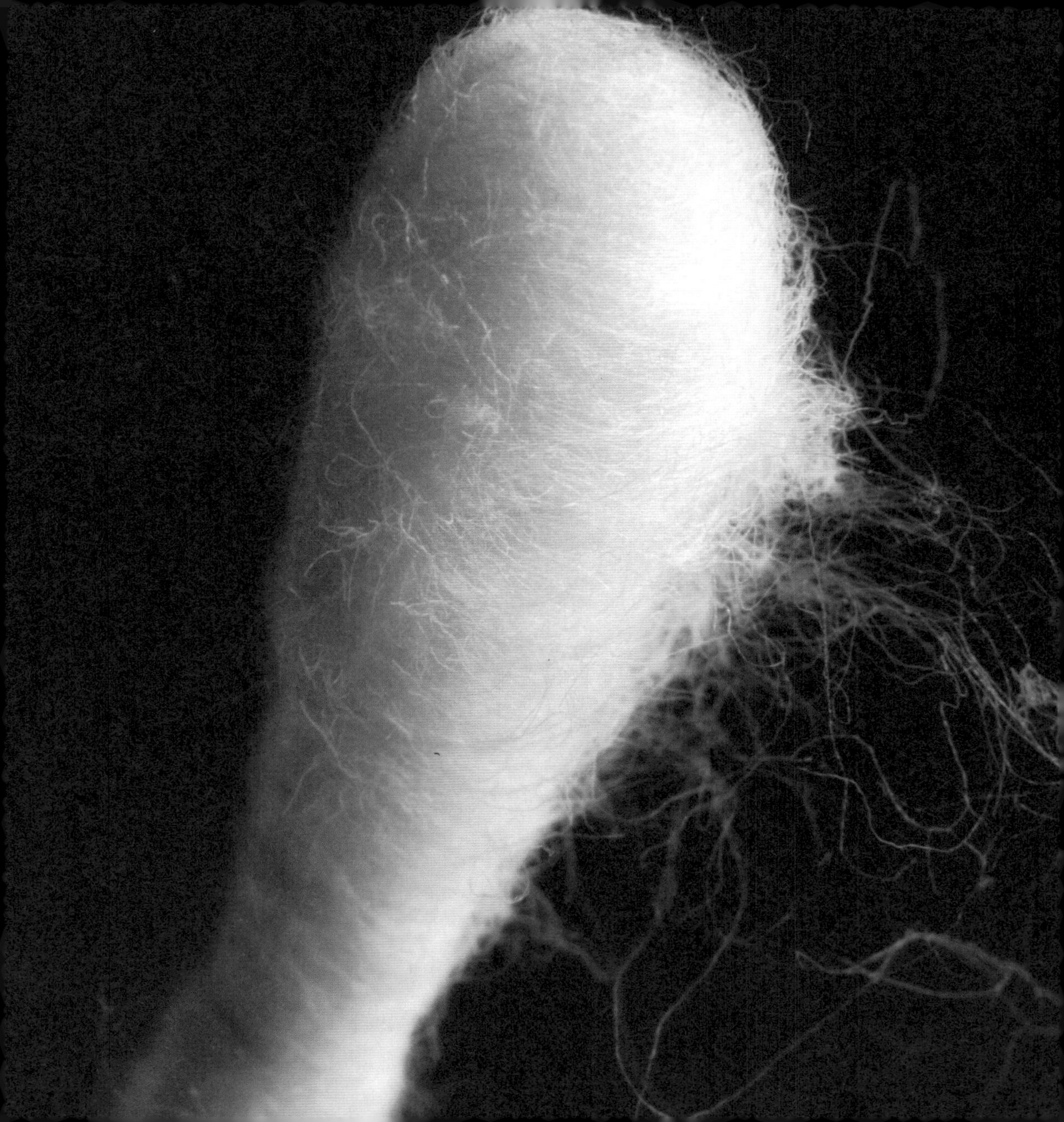

棉花棒 Q-tips，1923年

发明者：利奥·格斯腾藏（Leo Gerstenzang），波兰裔美国人，出生时间不明
材 质：棉、纸
制造商：美国Leo Gerstenzang Infant Novelty Company，现改名Q-tips公司

棉花棒的发明者利奥·格斯腾藏，有一天看到太太给牙签缠上棉花替宝宝清理耳朵，他突然灵光一现，发明了棉花棒并在1923年创立了格斯腾藏婴儿新奇用品公司（Leo Gerstenzang Infant Novelty Company）。棉花棒的概念看似简单，格斯腾藏却花了好几年的时间不断完善这一设计。安全是最主要的一个方面。因为怕木头会裂开，他用白色的纸板材质代替了原来的木棒。在做了许多研究之后，他在棉花棒的两端套上了等量的棉花，其用量刚好可以避免棉花掉落或卡在耳朵里面。一开始，棉花棒的名字叫“Baby Gays”，1926年改名为“Q-tips Baby Gays”，后来才又改为“Q-tips”：“Q”代表品质（quality），“tip”则指两端的棉花。

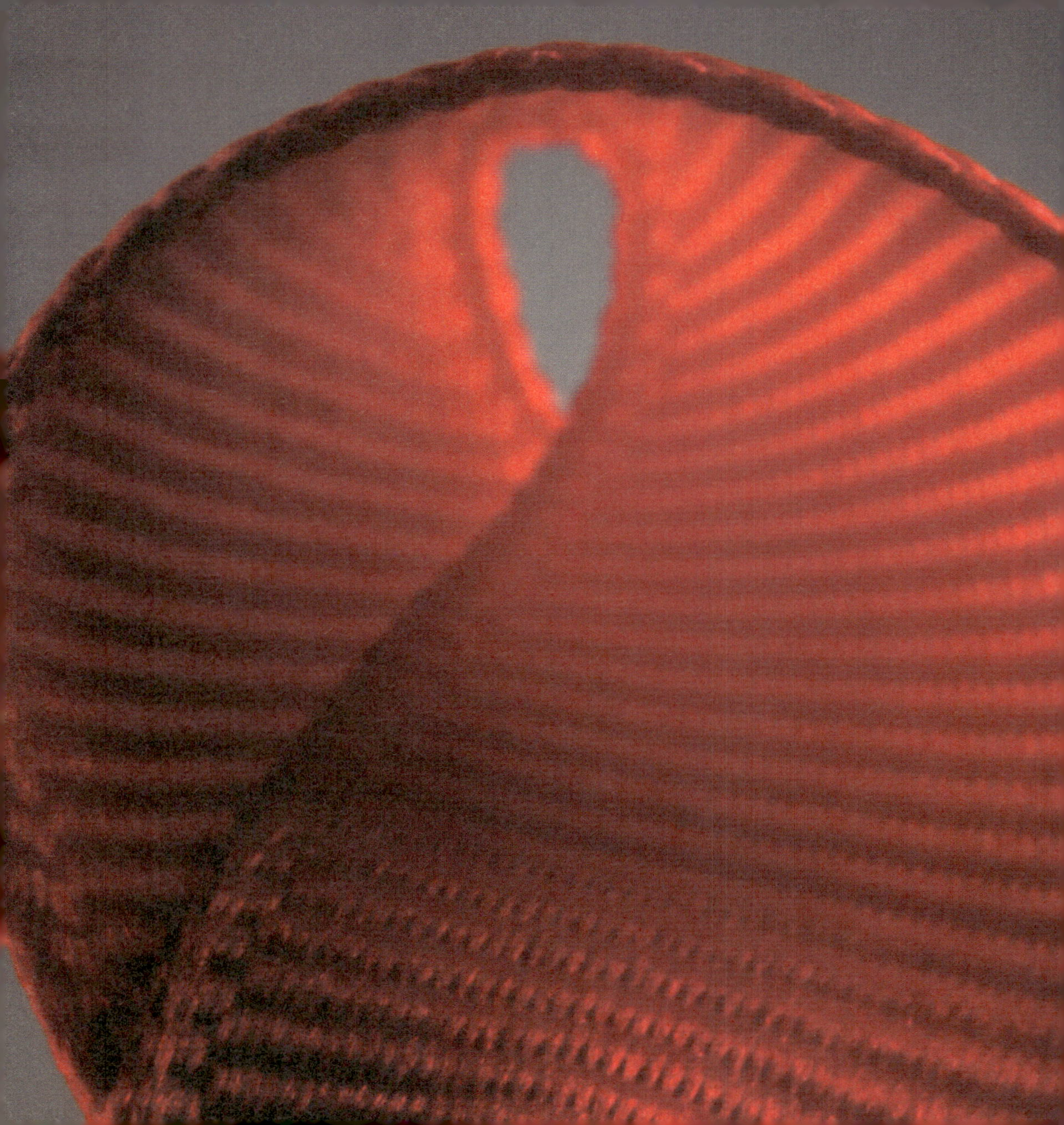

国际艾滋病和HIV识别标志

International Symbol of HIV and AIDS Awareness，1991年

发明者：美国Visual AIDS Artists Caucus机构，1988年成立
材　质：红色缎带、安全别针

红丝带造型极其简洁，但其意涵丰富而复杂。倒立的“V”字造型由六英寸长的红色丝带折叠而成，然后再用安全别针固定。它代表着对艾滋病防治运动的支持和对艾滋病患者的同情。红色点出艾滋病所代表的种种内涵：血液、激情、愤怒，还有最为重要的一点——爱。红丝带本身并没有什么政治意蕴，但其设计概念受到黄丝带的启发——1990年，黄丝带曾被用来纪念在海湾战争中阵亡的美国将士。

红丝带是纽约一个叫做“Visual AIDS Artists Causus”的艺术家团体的作品。1991年4月，这群前卫的艺术家推出了这一概念性的艺术作品——他们没有为这一标志申请专利，为的是让人们可以在任何时间和任何地方使用它。两个星期后，著名演员杰里·米艾恩斯（Jeremy Irons）在纽约市托尼奖（New York City’s Tony Awards）的颁奖典礼上佩戴了红丝带，随后红丝带出现在了大屏幕上，这一标志从此走出了艺术家的小圈子，迅速地传遍了全世界。

红丝带具有的象征性及其在视觉上的冲击力，使其得以跨越文化上的障碍，被各个国家所采用，即使是最不愿意正视艾滋病问题的国家也接受了它。红丝带已成为一个全球通用的标志。一些慈善机构雇用无家可归的失业妇女制作红丝带，美国的邮政机构发行了印着红丝带的邮票。其他一些慈善团体从红丝带这一简单而有效的概念中得到灵感，用其他颜色的丝带作为自己的识别标志（比如关注乳腺癌的粉红色丝带、纪念战俘的黄丝带，还有纪念美国“911”事件中死亡者的紫丝带等）。尽管每天都可以佩带丝带，但每年的世界艾滋日（12月1日）那天，佩带红丝带的人数最多。

冰淇淋挖勺 Ice Cream Scoop，1935年

发明者：谢尔曼·凯利（Sherman L. Kelly），美国人，1869～1952年
材　质：铝
制造商：美国The Zeroll公司

来自美国俄亥俄州的谢尔曼·凯利到佛罗里达州度假时，有一天去买冰淇淋，看到冰淇淋小贩在从冰柜里往外挖冰淇淋时非常辛苦。一方面他觉得为了吃到冰淇淋要等那么久实在很难忍受，另一方面也是出于对冰淇淋小贩的同情，他决定设计一款世界上最好用的冰淇淋挖勺。当时的冰淇淋挖勺存在两个大问题：一是挖勺上的活动弹簧很容易卡住、生锈或断裂，二是使用时冰淇淋会黏在挖勺上。

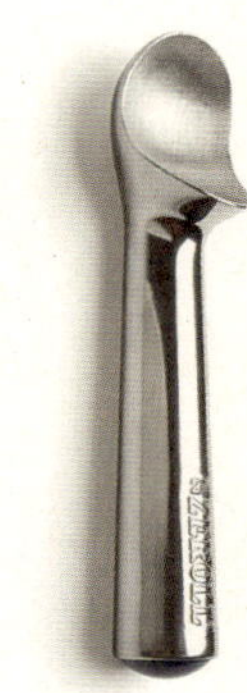

1935年，凯利成立了Zeroll公司，生产和销售他研发的冰淇淋挖勺。凯利设计的这款冰淇淋挖勺，一体成型，使用轻量、坚固同时防锈的铝合金材质制成，最富有创意的一点是把手里装有防冻剂，当使用者用手握住把手时，手上的温度可以传到勺子上，这样就可以轻轻松松地把冰淇淋盛到甜筒或碟子中去。这种挖勺不仅可以减轻操作人员的工作量，对冰淇淋店的老板们也大有益处：每加仑冰淇淋可以比从前多挖出20%的冰淇淋球。其他的挖勺在挖取冰淇淋时，会往下压，这样就会压缩冰淇淋的体积，也就增加了用量。而凯利设计的这款挖勺则只要轻轻地挖几下就可以挖出一个大球。这款冰淇淋挖勺不但适合右手操作，左手来用也完全没有问题，是少见的能在此方面保持均衡的设计作品。

香槟软木塞 Champagne Cork，17世纪

发明者：皮埃尔·佩里尼翁（Pierre Dom Perignon），法国人，1638～1715年
材　质：软木塞

和香槟一样，香槟软木塞也是17世纪时法国Benedictine教区的盲僧侣皮埃尔·佩里尼翁发明的。他最初的设计跟现在的酒瓶塞很像，但尺寸却大一倍。香槟软木塞的外形和蘑菇很像，被塞进瓶子后可以把瓶颈塞得很严实。它由许多被打碎的软木片构成，可以承受更大的压力。软木塞被塞进香槟酒瓶后，外面会再用铁丝做的罩子加以固定，以防止由于压力导致软木塞飞出。

软木塞以软木做成，这是一种主要生长在西班牙、葡萄牙和意大利等国的橡树，这种树最多可以活到170岁。制作软木塞所用的树皮，在剥下来后要先放置六个月以去除湿气，再用滚水煮90分钟，之后还要放3个星期，然后才能裁切成形，其中只有大约40%的材料可以利用。软木塞可以避免空气进入酒瓶中破坏香槟的味道。软木的伸缩性很强，塞进酒瓶后密封效果很好，因此酒瓶塞多选用软木作为材料。

根据记录，从酒瓶中拔出的软木塞，最厉害的一只曾经喷至177英尺9英寸的距离以外。

塑胶保鲜碗 Tupperware Storage Bowls，1946年

发明者：厄尔·特百（Earl S.Tupper），美国人，1907～1983年
材　质：聚乙烯塑胶
　　　　此款为Wonderlier小碗系列
制造商：美国Tupperware公司

1938年，化学专家厄尔·特百成立了自己的公司，在此之前，他曾在美国杜邦公司（Du Pont）工作过一年。虽然是他发明了Tupperware，但真正让这种塑胶保鲜容器赢得消费者喜欢的，却是他的合作伙伴布朗尼·怀斯（Brownie Wise）所开创的社区派对行销。

1940年代初，特百在研究射出加工成形（injection-molded）聚乙烯的过程中，开发出一系列家用物品，最早被研发出来的是一只七彩饮水杯。1942年，他成立了特百公司。1946年，他推出首批设计作品，其中包括咖啡杯和杯缘呈波浪状的水杯——这使得饮水更为方便。他公司的标志性产品是Tupper Seal——一种可密封的塑胶容器，其原理和油漆罐上的真空封条十分类似。 1947年，他为这一发明申请了专利。之后，他开始生产半透明、淡彩色的塑胶食品容器。左图为近年新推出的款式。后来，Tupperware成为20世纪中期美国郊区中产阶级文化的代表。布朗尼·怀斯是一位离婚的中年女销售员，正是因为她的努力，Tupperware才在人们的现实生活和流行文化中占据如此重要的位置。怀斯在斯坦利生活用品公司销售塑胶容器时，意识到举办以家庭主妇为对象的派对，是推销这种用品的最好方式。她的创意为公司带来了高额利润，后来，特百请她担任塑胶容器的专属业务员。1958年，也就是怀斯替特百工作7年后，特百公司以1600万美元的高价被Rexall公司收购。Rexall公司将特百研发的塑胶容器命名为Tupperware，并将其改为透明的材质。现在，全球每个家庭几乎都有这种塑胶保鲜容器。

龟甲万酱油瓶 Kikkoman Soy Sauce Dispenser，1961年

发明看：日本GK设计，1953年成立
材　质：玻璃、聚苯乙烯塑胶
制造商：日本龟甲万（Kikkoman）公司

第二次世界大战结束后，战败的日本陷入自我认同危机，民众纷纷转向历史、文化和饮食传统，从中寻求精神寄托，以摆脱内心中的失落和逃避现实中的巨大失败。酱油，几百年来一直在日本的饮食中占据着重要位置，在这一特殊的历史时刻，一下冲到了最前面，但是它还需要被注入一些现代的元素。

之前的日本酱油都是装在容量为1.8公升的瓶子里出售，既笨重又不好看，新的设计要解决的就是这两个问题。在GK设计团队中担任设计师的荣久庵宪司（Kenji Ekuan）——他同时也是一个和尚，开始着手为龟甲万酱油公司设计新款的酱油瓶。

新的酱油瓶必须要符合极简的日式美学，同时还要使用方便。荣久庵宪司设计的酱油瓶下宽上窄，瓶身呈漏斗状，透明的瓶身可以让使用者看到瓶子里还剩下多少酱油，造型简洁而优雅。透明的瓶身与黑色的酱油和红色的盖子形成鲜明的对比，增添了视觉感受的深度。瓶口的设计是最有挑战性的，因为酱油和葡萄酒一样，完全没有黏性。荣久庵宪司设计了近百种瓶口，都没有办法控制滴漏。最后发现将瓶嘴内侧稍微向内倾斜是最好的解决方案，如此一来，倒出酱油时就再不会有酱油滴漏到桌子上了。目前龟甲万酱油每年产量高达2.5亿瓶，约为日本人口的两倍。

邦迪治疗带 Band-Aid Advanced Healing Blister，2002年

发明者：丹麦Coloplast医疗护理用品公司，1957年成立
材　质：Compeed亲水型敷料
制造商：美国强生公司（Johnson & Johnson）

很少有一款产品像邦迪治疗带这样广受欢迎。无论是冲浪爱好者、滑雪好手、登山客，还是喜爱穿凉鞋的女士们都很喜欢这款帮助脓包愈合的产品。推出不久，就迅速普及开来。丹麦的Coloplas医疗护理用品公司在皮肤护理产品方面甚有专长，开发出了一种遇水便会成凝胶状的亲水型敷料Compeed，医院用这种敷料来护理溃烂的伤口。随后这家公司又开发出适用于处理皮肤上的小脓包等一般伤口的绷带，在普通药店也能买得到。美国强生公司买下其专利权后，人们开始用Band-Aid来称呼这种绷带。

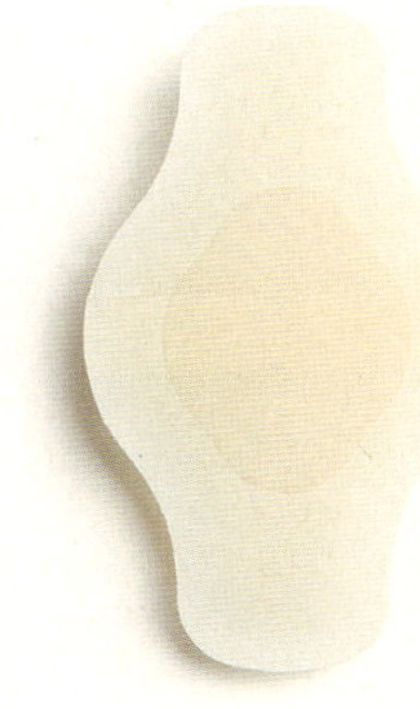

邦迪治疗带的材质很柔软，能够紧贴着皮肤，保护伤口不受感染。绷带表面做过防水处理，可以连续几天都贴在伤口上。邦迪治疗带看上去就像一只半透明的小虫，可以将伤口处渗出的液体化为胶状的固体，从而促进伤口愈合。几天后，当患者把治疗带取下时，原本破掉的脓包已愈合生成胶质状的新生组织。

ore
ang-dian 商店

幸运饼干 Fortune Cookie，1914年

发明者：秋原真（Makoto Hagiwara），日裔美国人，1854～1925年
材 质：面粉、蛋、糖、奶油、盐

幸运饼干并非起源于中国，它是日本景观设计师秋原真的发明。幸运饼干的设计灵感来源于日本神道传统的新年庆祝仪式。在近100年来，幸运饼干经历了一个有趣的迁徙。传说在13世纪时，为了反抗蒙古人的暴虐入侵，中国的士兵们在月饼里藏上纸条传递消息（幸好蒙古人不喜欢吃月饼）。19世纪时，很多中国劳工来到美国西部修建铁路，将这一习俗也带了过来。

1915年，旧金山市举办巴拿马太平洋博览会。幸运饼干在博览会场上一亮相就引起一股热潮。1920年代，洛杉矶的一位餐厅老板兼面包师傅大卫·钟（David Jung）开始生产经他改良过的幸运饼干，他旗下的香港面条公司（Hong Kong Noodle Company）每小时可生产3000块饼干。很快，幸运饼干席卷了整个加利福尼亚州，并迅速扩展到全美各地。1960年代，旧金山的艾德华·卢（Edward Louie）发明了一款机器，可以在幸运饼干里装入小纸条后再把饼干折叠成形。1993年，中国第一家幸运饼干公司开张。

幸运饼干内的纸条反映了所处时代的精神脉络。大卫·钟推出的幸运饼干，喜欢引用圣经和伊索寓言。1950年代，他曾在公司内部举办过纸条写作比赛。1960年代和1970年代，激进文化盛行，纸条的内容也变得千奇百怪。到了1980年代，人们越来越金钱至上，饼干里则出现幸运号码，有人就用这些号码来买彩票。现在，幸运饼干里的纸条则多是人生格言与各种奇思妙想。

安全套 Condom，1930年代

发明者：众多
材　质：天然橡胶
此款为美国Durex保险套公司推出的水果口味安全套
制造商：美国Durex公司

如果没有安全套，现在地球上的人口可能会多得令人无法想象，一切也都会截然不同。据记载，最早的安全套出现在公元前13世纪的埃及，用动物的膀胱制成。古老的东方则有中国的丝质油纸与日本的薄皮革和薄龟甲制成的安全套。

现代安全套则起源于16世纪中叶，当时的意大利解剖学家加布里埃・法洛皮奥（Gabriele Falloppio）研究出一款浸过药物的白麻布套以预防梅毒。安全套（comdom）这一名称，来源于17世纪时的英国御医康顿伯爵（Earl of Condom）。情妇众多的英王查理二世（King Charles II）为免受梅毒的侵袭，让康顿设计一种便于携带的工具。康顿用羊的盲肠制作了一款安全套。此后，羊肠制成的安全套开始流行，就连著名的威尼斯情圣卡萨诺瓦（Casanova）也很喜欢，将之称为他的“英国骑马外套”（English Riding Coat）。

然而当时的安全套还不是十分安全。1840年代，随着硫化橡胶的出现，安全套的生产更为简便，效果也更好。当时的安全套经常会被重复使用，直到破损为止。1861年，出现了安全套的第一则报纸广告。1919年，美国俄亥俄州的雷德里克・基利安（Frecerick　Killian）率先以手工乳胶取代橡胶来制作安全套。到了1930年代，乳胶的生产技术得到了进一步发展，安全套也变得更薄、更柔软顺滑，已经与现在所使用的安全套极为相似了。1950年代，出现了前端带有小囊并内含微量麻醉成分的安全套。1957年，美国Durex安全套公司在英国推出了第一款含有润滑剂的安全套。随着科技的不断进展，目前市场上有各种不同质地、颜色，甚至不同味道的安全套。

YKK

可分式拉链 Zipper-Separable Fastener，1913年

发明者：奥托·弗雷德里克·吉迪恩·松德贝克（Otto Frederick Gideon Sundback），瑞典裔加拿大人，1880～1954年
材　质：布料、铝
制造商：日本YKK公司

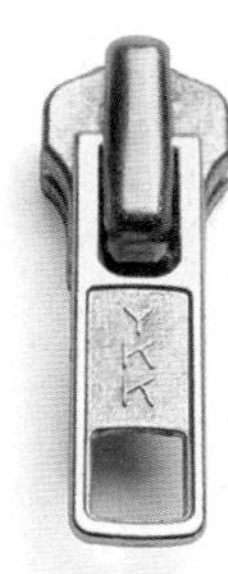

说到让这个世界发生改变的拉链，我们首先得感谢发明了缝纫机的埃利亚斯·豪（Elias Howe）和发明了“钩环锁扣”的怀特·康柏·贾德森（White Comb Judson）。不过，拉链真正的发明者，是奥托·弗雷德里克·吉迪恩·松德贝克。

1890年代，贾德森在发明钩环锁扣后，曾将这一发明带到1892年的芝加哥博览会上展出。后来他成立了通用纽扣公司（Universal Fastner Company），并雇用加拿大移民松德贝克。松德贝克后来娶了厂长的女儿，再加上他在设计上很有天赋，很快就成为公司的首席设计师。1911年，松德贝克的太太过世，巨大的悲痛让他更为全心地工作，并于1913年12月设计出我们现在普遍使用的拉链。

松德贝克将贾德森原先每英寸4个齿眼的设计，改为每英寸10到11个，两排齿眼中间则有一个可以上下滑动的夹子，夹子在上下滑动时可以把两道齿眼锁合在一起或分开。申请到专利之后，松德贝克又继续进行研究，开发出制造拉链的机器，将拉链上的齿眼缝在布料上，卡在“Y”字型的沟槽里。投产的第一年，拉链的产量就高达每天几百英尺。拉链能够在市场上取得成功，很大程度上是因为当时B.F.Goodrich Company橡胶公司在新推出的橡胶靴子上采用了松德贝克设计的拉链。拉链一开始多半用在靴子和烟草袋上，20多年后，才逐渐被服装界所采用。

纸杯 Dixie Paper Cups，1908年

发明者：劳伦斯·卢艾伦（Lawrence Luellen），美国人，出生时间不明
制造商：Dixie纸杯公司，现改为美国Georgia-Pacific公司

20世纪初，人们大多是用公用的金属杯从水桶里舀水喝。1907年，来自波士顿的劳伦斯·卢艾伦开始研发干净、卫生的个人饮水杯。多次尝试后，卢艾伦和妹夫休·埃弗里特·穆尔（Hugh Everett Moore）共同创立美国水供给公司（American Water Supply Company），穆尔担任董事长。之后，卢艾伦推出了一款可以冷却水的饮水机，随机附带着抛弃式的纸杯，穆尔则致力于进行公共卫生教育，推广使用个人专属水杯。

1910年，两人买下个人饮水杯公司（Individual Drinking Cup Company），并于1912年推出健康杯（Health Cup），放置在公司所推出的第一款半自动饮水机上。不久，该款饮水机成为美国火车上的标准配备。第一次世界大战期间，感冒流行，抛弃式纸杯的需求量大增。穆尔比较有生意头脑，为了与其他竞争对手区别开来，他在1919年将健康杯改名Dixie Cup。卢艾伦和穆尔发现纸杯不光能装水，还可以盛冰淇淋，1950年代汽水开始流行，使他们进一步拓展了市场。1957年，该公司被美国罐头公司（American Can Company）收购。

算盘 Bead Frame Abacus，公元前3000年

设计者：中国人
材　质：木头、金属、珠子

中国人有许多伟大的发明，其中一些至今仍在使用并一直保持着最初的样貌，比如面条和算盘。这是好设计不会被时代所淘汰的一个明证。早先，人们在计数时会使用两套不同的东西——比如用一定数量的石头来表示一定数量的羊——算盘正是体现出了这种“位置记法”，也就是在一套计数系统中将“石头”放在特定位置以代表一组物体。因此算盘被称为“最早的个人计算机”。

和一台好的个人计算机一样，算盘便于携带，同时坚固耐用。算盘通常有一个木头做成的框架，共有十三排珠子，每排有七颗珠子，中间的横梁将算盘分成上下两部分，上面有两颗珠子，下面则有五颗。

算盘不是计算机，本身没有计算的功能，而是供人们在计算时记录数字。要想使用算盘进行计算，不但要花点时间学会怎么用，使用者本人也要具备相当的计算能力。不过在一个熟练使用者的手下，算盘就像是一架沉默的乐器，神奇而迅速。

ORIGINAL
FRISBEE

飞盘 Frisbee，1948年

发明者：瓦尔特·弗雷德里克·莫里森（Walter Frederick Morrison），美国人，1920年生
沃伦·法兰斯欧尼（Warren Franscioni），美国人，1917～1974年
材　质：聚乙烯塑胶
制造商：美国Wham-O玩具公司

1870年代，美国康涅狄格州一家面包店的老板兼面包师威廉·罗素·弗里斯比（William Russell Frisbie），在用来装派的马口铁盘底部刻上了公司的名称。过了一阵子，他的派被卖到康涅狄格州各地，其中包括许多大学校园。据说，是耶鲁大学的学生最早发现可以把空派盘拿来丢着玩。

1947年，美国新墨西哥州发生了一起飞碟坠毁事件，好多人都开始对飞碟着迷。1948年，住在美国加州的建筑监察员瓦尔特·弗雷德里克·莫里森，和同样热衷于研究飞碟的友人沃伦·法兰斯欧尼合作，设计出一个外型与飞碟十分相似，可以在空中丢来丢去的塑胶盘，并将其取名为“飞碟”（Flying Saucer）。1955年，莫里森把飞碟的设计卖给Wham-O玩具公司的两位老板科纳（Richard Knerr）和梅林（Arthur“Spud”Melin），这家公司以推出过呼啦圈、超级球和喷水枪等著名玩具而闻名。两年后，第一只飞盘“冥王星盘”（Pluto Platter）开始投入市场。

科那尔到常春藤联盟的各大名校做巡回宣传时，为这款产品遇到了一个完美的新名字。有学生告诉他，丢派盘的运动在校园里风行已久，学生们将之称为“frisbie-ing”，这给了科那尔灵感，于是他将拼写方式做了点改动，以“Frisbiee”为飞盘注册了商标。

电灯泡 Incandescent Lightbulb，1879年

发明者：托马斯·阿尔发·爱迪生（Thomas Alva Edison），美国人，1847～1931年
材　质：玻璃、钨、铝
制造商：爱迪生通用电子公司（Edison General Electric），现为美国GE灯具公司

尽管有很多人参与了电灯泡的发明过程，但最为关键的一步却是由托马斯·阿尔发·爱迪生实现的。这一富有创造性的发明的确不是在转瞬之间完成的，而是许许多多科学家与发明家无数次的实验以及持续不断的努力的结果。在此我们列出以下几位在电灯发展史上扮演举足轻重的相关人士。

电灯的发明可以从英国化学家汉弗莱·戴维（Humphry Davy）说起，1809年，他将两条铁线连接到电池上，并在两条铁线中间放置炭条，发明了第一只电灯。1820年，沃伦·德拉鲁（Warren de la Rue）尝试着将昂贵的白金线圈放在真空管中再通电。1854年，德国的钟表工匠亨利·葛罗布（Henry Globel）用碳化的竹丝导电，发明了第一个“真正的”灯泡。这标志着灯泡设计阶段的结束和灯丝研究时代的开始。

1878年，英国人约瑟夫·威尔森·斯旺（Joseph Wilson Swan）发明了更实用也更耐用的灯丝。1879年，他在英国新堡（Newcastle）展示了他所设计的灯泡。他是第一个发明电灯泡的人，爱迪生则紧随其后。这个被美国人视为英雄的发明家，在1875年买下一项专利设计后，针对这项技术进行研究，1879年推出了可连续使用40个小时的碳丝，并将碳丝放进赫尔曼·施普伦格尔（Herman Sprengel）于1875年发明的真空灯泡。1879年10月，爱迪生公开展示了他的发明。1880年，爱迪生利用竹纤维制成的灯丝，制造出可以连续使用1200多个小时的电灯泡。1910年，威廉·大卫·柯立芝（William David Coolidge）发明了钨丝电灯泡。钨丝比先前所有的材料都更耐用，成功地降低了电灯泡的制造成本。此后，电灯泡的技术突飞猛进，但最初的造型始终没有改变。

无针订书机 Stapleless Stapler，1993年

发明者：瓦尔特·温迪西（Walter Windisch），出生时间不明
材　质：塑胶
制造商：美国Kikkerland公司

第一次的经历总是令人难以忘怀。当你按下订书机，以为会看到金属做的订书针露出来，把散落的纸张钉在一起时，没想到纸上却神奇地出现了一个小洞，将打孔后的纸张穿入裁切痕的内侧，纸张就这样固定在了一起。

第一只无针订书机出现在1909年，一年后，Bump 公司推出类似款式的订书机。这两种订书机固定纸张的原理与现在的无针订书机原理十分相似，都是利用纸本身的张力。

安全别针 Safety Pin，1849年

发明者：瓦尔特·亨特（Walter Hunt），美国人，1795～1859年
材　质：钢
本款由美国A. Meyers & Sons公司生产制造

据说出席的场合越隆重，身上的衣服被扯破的几率就越高。所以不管是婚礼上的伴娘、舞会中的皇后，还是时尚派对上的时髦姑娘，都喜欢随身带几个安全别针。而它之所以能够问世，是一个多产却穷困的发明家为了偿还一笔债务想的应急法子。

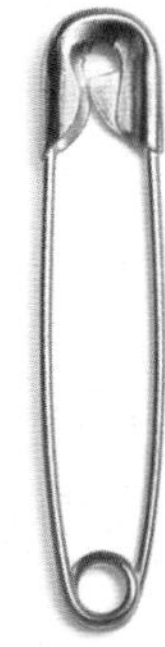

瓦尔特·亨特是一位纽约技工。他曾经发明了美国第一台缝纫机，但因为害怕缝纫机的普及，会使许多裁缝女工失业（很少有发明家会这么在意其他人的经济状况），他没有为自己的发明申请专利。正因为他很少为自己的发明申请专利，他总是债台高筑。有一天，他一边想着怎么偿还一笔15美元的债务，一边把玩着手里的一段铁丝。

3个小时过去了，他突然发现，如果把铁丝的一端折成弹簧，另一端折成锁扣，尾端的弹簧会对两侧施以相同的力量，从而可以将铁丝固定住，不会弹开。亨特在1849年4月1日为这一发明申请了专利，并把专利权以400美元的价格售出，还清了当初引发他设计灵感的那笔债务。

Chupa Chups棒棒糖 Chupa Chups Lollipop，1958年

发明者：安瑞科·柏纳·冯拉多沙（Enric Bernat i Fontlladosa），西班牙人，1923～2003年
制造商：Grada Asturias，现为西班牙Chupa Chups糖果公司

安瑞科·柏纳·冯拉多沙是制糖家族的第三代传人。当他接手公司时，经营情况很是不容乐观。他决定停止当时公司在产的200多种产品，只专注于一种产品——棒棒糖。他说："我很惊讶竟然没有专门针对小朋友生产的糖果，他们才是糖果最主要的顾客群。现在的产品不适合他们吃，会把他们的小手弄脏，给他们的妈妈带来许多麻烦。这就是我决定生产棒棒糖的原因所在。"1958年，第一支棒棒糖面市，被取名为"Chupa"，在西班牙文中是"舔"的意思。糖果公司要求零售商把棒棒糖放得离收银机越近越好——通常糖果总是被放在柜台后面的玻璃罐里，小孩子们根本就拿不到。同时，冯拉多沙也很清楚，他的公司和这一创新产品都需要强有力的识别标志。1969年他请好友兼著名艺术家达利（Salvador Dali）设计产品标志。达利随手就在报纸上画出了他的创意。不到一个小时，Chupa Chups雏菊图案的包装纸便诞生了，至今仍是全球最著名的商标之一。

re in the
r, per ... ere,
sia, ca
a, robe
la v.
priest's
rmat; –
ng to on
oughts cl
una pelle
on v. di u
mico, a tra
v. d'amico
tipografica,
Westphalia.
. clothing;
un ricco v.,
ffects of clothi

6 (a
rity to
dress
raw c
ows'
gr.)
Pann
pen
on c
save
humili
guise
d; – Qu
aid out.

菲涅尔透镜 Fresnel Lens，1822年

发明者：奥古斯丁 – 让 · 菲涅尔（Augustin-Jean Fresnel），法国人，1788 ~ 1827年
此款口袋型放大镜使用的材质为压克力塑胶
制造商：美国3M公司

1819年，从事光线与光学研究的法国物理学家奥古斯丁 – 让 · 菲涅尔，在被选为灯塔委员会的委员后，设计了一款适用于灯塔照明的新型组合透镜。此前，灯塔所使用的探照灯光源很分散，不够集中。1822年，菲涅尔设计的透镜开始被用于灯塔照明。此款透镜能够将所有的光线聚集在一起，亮度足以让远在20英里外的船只看清楚，可以很好地提醒行经该海域的船只。

菲涅尔透镜一边是平的，一边隆起，由许多呈同心圆的环状透镜组成，每一圈的角度和厚薄都不一样。集邮爱好者和昆虫学家使用的放大镜，以及聚光灯、投影机和汽车上的大灯运用的也是一样的原理。菲涅尔透镜只有一面需要蚀刻，因此很适合做成携带方便的小尺寸放大镜。

金顶三号电池 Duracell AA Battery，1960年

发明者：美国金顶公司（Duracell），1944年成立
材　质：钢与其他材料
制造商：美国金顶公司

1748年，杰出的发明家本杰明·富兰克林（Benjamin Franklin）发现了电流，开始用玻璃瓶组导电。1800年，意大利的亚历山德罗·伏特（Alessandro Volta）发明了第一节真正的电池。1920年代初，科学家塞缪尔·鲁本（Samuel Ruben）和钨丝生产商菲利普·罗杰斯·马洛（Philip Rogers Mallory）相遇，并开始合作。他们为之倾注了才华与财力的合作，一直持续到1975年马洛过世。

鲁本是一位多产的发明家。第二次世界大战期间，他设计出一款可以在有限的空间中承载更多电力的水银电池，比传统的碳锌电池更耐用，也更适应南太平洋和北非等地的恶劣环境，很适合在战场上使用。时至今日，碳锌电池仍然是使用最为普遍的电池，但并不适合在恶劣的气候环境中使用。

1950年代，鲁本研发出砼锰电池。刚好此时，美国柯达公司也推出了内置闪光灯的新款相机，传统的碳锌电池无法满足其用电量。为了解决这一问题，鲁本开发出三号碱性电池，不但体积小，可以装进新相机，电力也足够持久。这款电池由马洛负责生产制作。1964年，金顶碱性电池正式问世。

立体数字骰子

Cubic Numbered Dice，公元前300年到公元300年之间

设计者：不详
本款为赌场专用骰子
材　质：纤维二醋酸酯
制造商：美国Kardwell International公司

骰子最开始跟木棍、贝壳或兽骨一样，都是人们用来求神问卜的工具。人们在祈求上天时把这些东西扔出去，然后通过观察结果来推测天意。后来，骰子逐渐从宗教用品转为赌博的工具，始终与人类不离不弃。公元前2000年，古埃及人就已经开始使用骰子。古希腊罗马人也用牛羊的关节、羊的踝骨，或用陶器制成长方形的器具，然后在表面刻上数字。美洲的印第安人、中美洲的阿兹提克人和玛雅人，以及一些非洲的原住民部落，则使用水果核、贝壳、兽骨或动物的牙齿等材料制作骰子。现在的六面体数字骰子起源于亚洲，在韩国和印度尤为普及。梵语史诗《摩诃婆罗多》记载了印度从公元前300年到公元300年之间的历史，里面就提到了骰子。

骰子的六个面都有代表着数字的点，从一到六，相对的两个面上的点数之和都是七。一般常见的骰子并不会被专业赌场所选用。它们边角圆滑，表面的圆点内凹，通常使用塑胶、木头或玻璃等材质制成。它们被认为品质不够好，因为各部分的重量分配不均匀。事实上，六点那一面的重量会比一点的那一面轻一些。赌场专用的骰子则经过严格的校准，边缘很锐利，骰子的面切割得很平整。骰子的边长通常为3/4英寸。

X型橡皮筋 X-Band Rubber Bands，1995年

设计者：不详
材　质：合成橡胶
制造商：泰国Mahakit Rubber橡胶公司

即使那些看起来最为理所当然、似乎非常简单的日常生活用品，往往也来源于缜密的研究与构想。1845年，英国的一家橡胶工厂的老板斯蒂芬・佩里（Stephen Perry）发明了橡皮筋。佩里设计的橡皮筋与左图中的X型橡皮筋很相似，功能性都很强。X型橡皮筋可以往四个方向用力，从而可以更为方便地捆扎物品。这个小小的物品属于改变了我们生活的伟大设计之一。

橡皮筋是对查尔斯・古德伊尔（Charles Goodyear）的橡胶硫化研究结果最为直接的应用。1839年，古德伊尔在做实验时，偶然将橡胶与硫磺一起放在了炉子里，发现这样可以制作出不受天气影响、弹性也更好的硫化橡胶。目前所使用的橡胶，绝大部分是从原油中提炼出来的合成橡胶，只有很少的一部分是用橡胶树的汁液加工制作而成的天然橡胶。橡皮筋的发展历程体现出橡胶业的进步，它使我们的生活变得便利了许多。

R
O

Toblerone三角形巧克力 Toblerone，1908年

发明者：特奥多·托布勒（Theodor Tobler），瑞士人，1876~1941年
　　　　埃米尔·鲍曼（Emil Baumann），瑞士人，1883~1966年
材　质：巧克力、蜂蜜、杏仁
制造商：瑞士Fabrique de Chocolat Berne，Tobert&Cie.公司；
　　　　已被美国Kraft Foods Global食品公司收购

1899年，瑞士伯恩市（Bern）一家糖果店的老板，约翰·雅各布· 托布勒（Johann Jakob Tobler）和他的三个儿子一起创建了一家巧克力工厂。1908年，其中一个儿子特奥多·托布勒开始和表弟兼生产经理埃米尔·鲍曼研究他们从法国买回的蒙特利马（Montelimar）特产——奶油杏仁糖。最后，他们两人把牛奶巧克力、蜂蜜和杏仁等原料混在一起，调配出类似的味道。这就是Toblerone三角形巧克力的前身。1909年，他们为这一配方申请了专利。这是第一款拥有专利权的牛奶巧克力。之后，他们又为其取了名字，设计了包装和独特的三角型——似乎这才是这款巧克力真正的标志。“Toblerone”这一名称是“Tobler”（托布勒）和“torrone”（在意大利语中是蜂蜜杏仁花生糖的意思）两个单词的结合。关于三角形外观的由来有两种说法：大多数人认为这代表了瑞士阿尔卑斯山区三大名峰之一的马特宏峰（Matterhorn），现在的巧克力包装盒上有它的画面；还有人说，当时托布勒经常光顾巴黎著名的“女神游乐厅”（FoliesBergères），那里的歌舞表演，每到结束的时候，舞台上的表演者就会搭成一座金字塔。据说，这是他设计灵感的来源。无论名称缘何而来，三角形的Toblerone巧克力的确更适合分享，吃起来更有乐趣，也更容易被人记住。

利乐砖 Tetra Brik，1959年

发明者：瑞典Tetra Brik实验室，1951年成立
材　质：纸板、塑胶涂层
制造商：瑞典利乐公司（Tetra Pak）

瑞典科学家鲁本·劳辛（Ruben Rausing）早在1930年代就进行包装盒研究。1943年，他开始研发一款新的容器，希望可以解决玻璃瓶卫生情况不佳和容易损坏的问题。1944年3月，他研究出了出三角形四面体的包装方式，开口在上方，并可完全密封。他把纸张卷成圆筒形，利用树胶膜进行包裹，注入液体后，再将两端的开口密封，将之称为利乐包（Tetra Pak）。1951年，Tetra Pak公司在瑞典的朗德市（Lund）成立。1952年，第一台专门生产利乐包的机器到厂后，利乐包开始投入生产。

当时的利乐包，成本低廉，密封性好，但用起来很不方便。利乐包必须用刀子或剪子才能弄开，打开的时候，里面的气压会使得所装的液体喷洒出来。美国的一家奶制品商不得不为顾客支付干洗衣服的费用——因为顾客在打开包装时，溅出的奶液很容易把衣服弄脏。1963年，利乐砖纸盒的推出解决了这一问题。这种现在市面上常见的六面体矩形纸盒，上下各有一小块三角形折层。1977年，利乐砖开始在美国销售。当时的利乐砖盒还是得用剪刀剪开，但上面的三角形折层设计，使得纸盒被打开时，液体不会再喷出来了，比原先的利乐包要好用很多。目前利乐公司每年生产的纸盒超过600亿个。

乒乓球拍 Ping-Pong Paddle，1952年

发明者：佐藤博冶（Horoi Satoh），日本人
本款为Tashika直拍乒乓球拍
材　质：木头、泡沫橡胶
制造商：美国Butterfly桌球器材公司

19世纪时，英国的上流社会流行打室内网球，他们用日常生活用品充当球拍、球和球网，在家里的桌子上打球。随着时代的演进，这渐渐发展为一种运动，并出现了专用器材。美国的Parker Brothers是第一家生产乒乓球器材的公司。最早的乒乓球拍外型与小手鼓十分相似，在木头框外面糊了一层羊皮纸。

20世纪早期，乒乓球运动开始快速发展。1901年，英国的J.Jacques&Sons公司为“乒乓”这一名字申请了版权。这在乒乓球的发展史上是一件大事。之后，詹姆斯·吉布斯（James Gibbs）将他在美国发现的空心塑胶球引入了英国。1902年，同样来自英国的古德（E.C.Goode）在拍面上加上一层粒状胶皮，这是第一只现代球拍。迄今为止，这仍是乒乓球拍的标准设计。按照规定，所有的乒乓球拍都要使用橡胶和木头材质，一面是红色，另一面是黑色。

随着科技的发展，乒乓球拍的设计也不断被改进，球拍变得越来越好用，这一运动受到愈来愈多人的喜欢。1952年，日本的佐藤博治率先推出了泡沫橡胶材质的乒乓球拍。

除了传统的木质球拍，现在还有碳纤维球拍，以及使用高科技合成橡胶材质做成的球拍。

好握厨房用品系列：削皮刀

Good Grips Paring Knife，1989年

发明者：美国Smart Design设计公司，1979年成立
材　质：不锈钢、合成橡胶
制造商：美国Oxo International公司

山姆·法布尔（Sam Farber）是美国Faberware厨具公司老板的外甥，同时也是Copco厨具公司的创办人。1988年，他从Copco公司退休，决定要为那些肢体不便的人士做点什么。这一想法的产生与他太太的不幸遭遇有关。他的太太原本很喜欢下厨，但在患上关节炎之后，做菜不再是乐趣，而成了一种煎熬。1989年，法伯决心解决这一问题。他请教了几家设计顾问公司，决定委托纽约的Smart Design设计公司替他开发一系列新的厨房工具。1990年，Oxo 好握厨房用品系列问世。

这套厨房用品系列正如其名，十分关注手把的设计。圆形的手柄使用热塑型弹性体(用射出成型技术制作的一种合成橡胶)制成，可用于刀具、开罐器和削皮刀。手把上的凹沟使摩擦力增大，让使用者握取更为方便。此外，Oxo还推出了用图示和颜色清晰标示刻度的量杯等工具，并重新设计了许多不符合人体工学的厨房用品，比如，改良原本必须以手腕用力的刷子，把刷柄正好放在手掌的正中央，这样一来，就减轻了手腕的负担。这是一种全新的设计哲学。因其外形优美、使用舒服，再加上其中所蕴涵的智慧，使其大受消费者的欢迎，成为通用设计的典范之作。

Lamello饼形榫舌 Lamello Biscuit Joiner，1955年

发明者：赫尔曼·斯坦纳（Hermann Steiner），瑞士人，1913年生
材　质：山毛榉
制造商：瑞士Steiner Lamello公司

瑞士工程师赫尔曼·斯坦纳很喜爱做木工，1944年他成立了自己的工作室，想研究如何利用刚推出不久的塑合板组装家具。后来，他研发出了这款饼干形状的榫舌，并为其取名为“Lamello”，这一名称来源于德文中的“lamelle”——最早见于拉丁文，意思是“薄片”。

饼形榫舌是一块椭圆形的薄木板，可以以45度角插入沟槽中，接合木头组件，表面还印有花纹。这一设计使各个组件所承载的力量尽可能的平均分配，同时也能加强黏着性。目前一般的饼形榫舌都是用经过压制和凸凹印刷的山毛榉做成，适用于用4英寸长的刀片切割出来的沟槽。

斯坦纳的设计一开始并不引人注意，这使得他一再向同行发起挑战，宣称“我的榫舌比你的更坚固”，让他们试下能不能打开用他设计的榫舌组装的家具。结果证明他的设计的确很好，这也使得饼形榫舌大为流行。不过，斯坦纳设计的饼形榫舌是所有榫舌中成本最高的一款。1956年，第一台生产饼形榫舌的机器问世，1960年代中后期，饼形榫舌出现在市场上。1977年，饼形榫舌已经被木工界广泛接受。

VarioPac Trigger CD盒

VarioPac Trigger Jewel Cases，1992年

发明者：克劳斯·克洛格尔（Klaus Gloger），澳大利亚人
材　质：茂金属塑胶
制造商：德国VarioPac Systems Services公司

我们都曾经因老式的压克力CD盒而倍感困扰——它们质地粗糙又易碎，竟然还有个“宝石盒”的名字，但大多数人抱怨完就算了。克劳斯·克洛格尔却想解决这一问题。他的设计，最开始被称为Sonopak CD盒。他在获得专利后，开始与德国工程师海因斯·戴司特赫斯特（Heinz Diestelhorst）合作，进一步推出滑顺、好用的 Trigger CD盒。新研发出的CD盒，乳白色的外壳里面嵌有一只彩色的推杆，只要按下推杆就可以将CD送出来。

这款CD盒使用可完全回收的聚丙烯塑胶材质制成，坚固耐用。围绕克洛格尔的这一发明，又衍生出一整个系列的产品，其中包括可以将CD装在一起的夹子。

美式图钉 Pushpins，1900年

发明者：埃德温・穆尔（Edwin Moore），美国人，1878～1916年
材　质：塑胶、钢
制造商：美国Moore Push-Pin公司

埃德温・穆尔之所以能发明图钉，在某种程度上，归功于他在普林斯顿大学的室友——一位摄影师，经常需要把底片和感光板挂到墙上。为了帮助室友找到一款适合的吊挂工具，富有发明精神的穆尔，开始在他的化学实验室里做实验。他用煤气灯烧玻璃，再用钳子拽出类似图钉头部的形状，最后再把从留声机上拔下来的旧唱针插上去，做出了和现在的图钉很相似的造型。他的室友很满意这款产品。当穆尔把他的发明拿给其他人看时，经常有人问哪里才能买到。穆尔因此有了创业的想法。1900年，也就是穆尔设计出美式图钉一年后，他为这款产品申请了专利。据说，他夜里生产图钉，白天拿去卖掉。但冷却玻璃所需要的时间决定了他根本不可能出售前天晚上做出的图钉。他用类似煤气灯的工具，把玻璃融化，再插入针头，放置三四天后令其冷却，最后一道工序则是筛选掉在冷却硬化的过程中出现裂痕的图钉，整个制作过程都由他的家人完成。后来，穆尔又设计了让图钉在冷却的过程中可以保持直立的模件。1916年，穆尔死于席卷整个费城的大流感。1920年代，公司开始引进半自动的生产机器。

1950年代，公司采用塑胶与铝等材质后不久，就停止使用玻璃。到了1960年代，生产过程的自动化程度已经相当高。迄今为止，该公司仍然由穆尔家族经营，目前每年生产7000万至8000万个图钉。

.71 mm

吉他拨片 Guitar Pick，1922年

发明者：路易吉・丹德烈亚（Luigi D'Andrea），美国人，出生于意大利，1886～1957年
材　质：赛璐珞
制造商：美国D'Andrea公司

塑胶吉他拨片的问世，不仅改善了摇滚歌星们的生活与工作，同时也拯救了大西洋玳瑁龟。在塑胶吉他拨片出现之前，许多弦乐器的拨片都是用玳瑁龟的龟壳做成。

用龟甲做拨片时，要先把龟甲浸在油中，夹在两片加热过的不锈钢板中间，慢慢地将原本形状不规则的龟甲压成三角形的拨片，然后在上面压上印记、烘干、上漆。1870年，约翰・卫斯理・海厄特（John Wesley Hyatt）发明了半合成的赛璐珞，吉它拨片的产量大幅度地增长，也开始出现很多不同的样式。无论是弹性、厚度，还是音质，赛璐珞拨片和真正的龟甲都很接近，因此由这种材料制成的拨片迅速普及开来。

据说，赛璐珞吉他拨片的发明者路易吉・丹德烈亚出生在意大利南部的那不勒斯港，后来移民美国，原本是一个吸尘器推销员。1922年，他发明了一套方法，可以在长条状的赛璐珞片上打孔，裁制塑胶拨片。但真正让赛璐珞吉他拨片在市场上取得成功的，是他的儿子安东尼（Anthony）。安东尼把吉他拨片卖给著名的音乐器材行G.Schirmer，从而让更多的人认识到这种新的拨片。目前市场上主要有六种拨片。一般吉他手和音乐爱好者常用的标准拨片占有90%的市场。在低音吉他手中则流行比标准拨片稍微厚一点、带点弯曲的椭圆形拨片。爵士拨片的形状跟标准拨片一样，但尺寸比较小。泪滴形拨片比爵士型的还要小，在爵士吉他手中很流行。其他还有钻石型或心形的拨片，更像是商业上的噱头。

口香糖 Adams Chewing Gum，1871年

发明者：托马斯·亚当斯（Thomas Adams），美国人，1818～1905年
构　质：赤铁科常青树的汁液
制造商：美国Chicle Adams & CO.口香糖公司，现已并入英国Cadbury Schweppes糖果饮料集团

柯蒂斯（John Curtis）制造出了口香糖的雏形。他是受到“chicle”的启发，这是古代马雅人用赤铁科常青树的汁液做成的可食用的树胶的配方。这种食物在北美洲的印第安人中也很流行，但他们用的是云杉树的汁液。19世纪中期，柯蒂斯开始售买这种糖。1869年，被罢免的墨西哥独裁统治者山塔纳将军（Antonio Lopez de Santa Anna）避居美国，住在摄影师托马斯·亚当斯位于纽约斯坦顿岛（Staten Island）的家中。他把原产于中美洲的树胶口香糖介绍给了亚当斯，建议他将树胶口香糖与橡胶混合在一起，开发一款具有市场前景的商品。一开始，亚当斯是想研制汽车轮胎，但做了好几次实验，都没取得什么进展。就在他准备把剩下的树胶倒进纽约东河里时，在曼哈顿的街上遇到一个小女孩向他讨要一美分到街角的杂货店买口香糖。这让亚当斯想到，他可以用仓库里那些剩余的树胶来生产口香糖。1871年2月，彩色棉纸包装的条状树胶口香糖“Adams New York Gum No.1”出现在纽约的杂货店中，售价为一美分。

1880年，在美国克里夫兰市（Cleveland）销售爆米花的威廉·怀特（William J.White）在口香糖的配方中加入香料，口香糖才有了各种不同的口味。1899年，怀特开始担任美国Chicle口香糖公司的总裁，而亚当斯则担任该公司的董事长。

魔方 Rubik's Cube Puzzle，1974年

发明者：艾尔诺·鲁比克（Ernö Rubik），匈牙利人，1944年生
材　质：塑胶
制造商：香港Ideal Toy玩具公司

魔方已经成为近代最具代表性的设计作品之一，它之所以诞生，却是缘起于一位教授对于几何学与立体造型的研究。它的发明者艾尔诺·鲁比克任职于布达佩斯的应用美术与工艺学院室内设计系。1974年鲁比克就已经构想出了魔方，但他发现真正做出一个实体模型比他原先想象的要困难许多。对于魔方来说，设计上必须解决的问题是：怎么才能让每个方块都能单独转动，同时又不会破坏整体结构？他从多瑙河边的小圆石的外形上受到启发，设计出圆柱形的内部结构。魔方由26块独立的小立方块组成，每层有9个方块，各层都围绕着里面的中轴转动，通过这种内在结构组合在一起。鲁比克组装好魔方，并在小立方块的每一面上都贴上不同颜色的纸。开始转动魔方后，鲁比克兴奋地发现里面的结构使得他无法恢复成最开始的样子。鲁比克把他的设计成果拿给学生们看，还让自己的朋友玩，发现每个拿到的人都被迷住了。1979年，整个匈牙利到处都是魔方迷。同年，美国的《科学美国人》（*Scientific American*）杂志刊登了一位数学家的文章，使得魔方开始风靡全世界。1983年，全球有1亿多个魔方。近年来，魔方又开始赢得人们的喜欢，也开始出现新的版本。除了原来的边长为3英寸的版本之外，出现了边长为4英寸的魔方。

对边长为3英寸的魔方来说，只有一个正确的答案，而错误的答案则有4300亿个。迄今为止，最牛的玩家只需转动52次，就可以把魔方转回原来的样子。

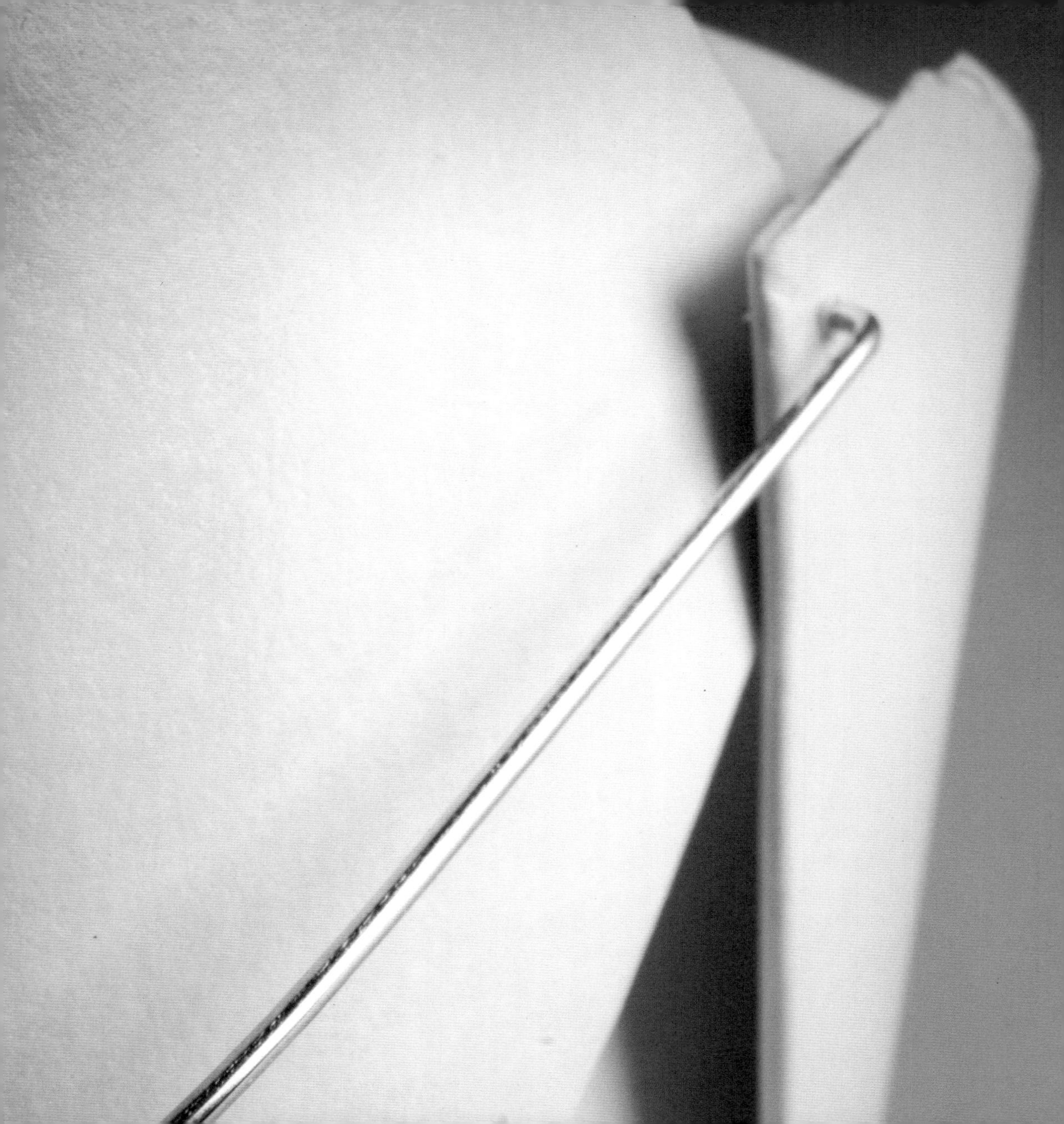

中式快餐外卖盒 Chinese Take-out Box，出现时间不明

设计者：不详

材　质：塑胶涂层纸盒、金属

又是一件经典设计。中式快餐外卖盒造型简洁、优雅而且防漏，以纸张折叠而成的构成方式更是给了许多设计师以灵感，使其成为一款不断被重新设计的产品，缎子和天鹅绒都被拿来当做材料。中式快餐外卖盒由单张的带塑胶涂层的卡纸折叠而成，上面有一个用细铁丝做成的把手，还有一个锁扣。盒子有各种尺寸，可以安全地盛放酱汁和各种半流体的食物，比如面条和米饭。这个盒子很适合直接吃，尤其是用筷子的时候。

奇怪的是，没有人知道这一随处可见又匠心独具的外卖盒是谁发明的。但是，只要说到日常生活中的经典设计，那就绝对不能不提它。

回力棒 Boomerang，15000年前

设计者：不详
材　质：木头

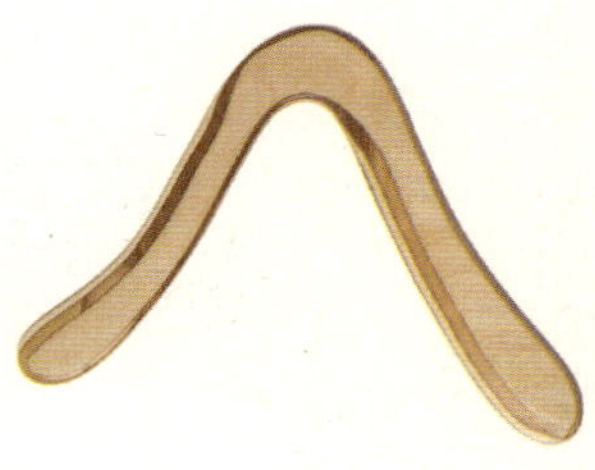

最早的时候，回力棒被当做打猎的工具，那时候的人们用它把动物打昏或者击毙。最原始的版本在澳大利亚被称为“kylie”，和现在的回力棒很相似，都是以水平的方式投掷出去，但kylie却不能像回力棒那样再飞回来。在波兰曾经挖出一根棍子，经过放射性碳测定，被证实已经存在约两万年。据说，埃及法老图坦卡门喜好收藏奇珍异宝，也曾经收集了很多回力棒。

澳大利亚的土著居民从来都没有发展出弓箭等武器，只是以投掷棍棒的方式打猎和防身，据说是他们发现了拧过的kylie能飞回来的特性。回力棒更薄、更轻，比扔出去回不来的棒子也更弯一些。回力棒的名称来自澳大利亚新南威尔士（New South Wales)）的土鲁哇族（Turuwal）。

很长时间里，回力棒被当做玩具。1968年，美国的《科学人》杂志对回力棒做了报导，掀起了一股热潮。1980年，美国回力棒协会成立，全球共有25个国家有全国性的回力棒组织。现在，回力棒有上百种版本。最常见的三种回力棒包括初学者常用的三翼形、技能高的人常用的叉骨形，以及将叉骨形简化后供比赛用的款式。

留置式易拉罐拉环

Beverage Can with Non-removable PuLL-Tab Opener-Stay-on Tab，1975年

发明者：丹尼尔·寇德席克（Daniel F.Cudzik），美国人，1934年生
材 质：铝
制造商：美国Alcoa铝业公司

1960年代，丹尼尔·寇德席克发明了留置式拉环（1975年申请专利），在此之前，易拉罐使用的都是分离式的拉环，人们把拉环打开后就随手丢弃在人行道上、马路上或海滩上。现在，每年有数十亿计的易拉罐被生产出来，它们上面装的都是寇德席克发明的留置式拉环。这不仅使得被拉环割破脚的人减少了很多，也减少了很多垃圾，而人们在喝饮料时也不用再为把手里的拉环扔到哪里去而大费心思。

罐头最初是由法国的尼古拉·阿伯特（Nicolas Appert）奉拿破仑的命令设计的，目的是为了帮助军队保存食物。之后，许多人想为罐头寻找更为适合的材质，完善其设计，简化其生产流程。后来由英国的彼得·杜兰德（Peter Durand）于19世纪初申请了专利。1961年，第一个带拉环的易开式铝质罐头问世，那时候，还有许多公司在研究如何利用塑胶材质来改良这一设计。当时正在罐头制造商Reynolds Metal公司担任工程师的寇德席克却坚持采用铝作为生产材料，因为生产铝罐头的机器每1/5秒就能做出一个罐头，如果用塑胶的话，不仅要花费更多的时间，同时生产流程也会变得复杂很多。一天晚上，寇德席克陪两个孩子看电视，脑海中突然出现了留置式拉环的想法。他把拉环和生产拉环的机器画了出来，交给制图人员，将他原先画的草稿放大10倍，画出一张36英尺长的草图，并用纸板、铝箔纸和胶带制作了一个实物模型。留置式易拉罐拉环就此诞生。

LED灯 Light-Emitting Diode，1962年

发明者：尼克·霍洛尼亚克（Nick Holonyak），美国人，1928年生
材　质：多元

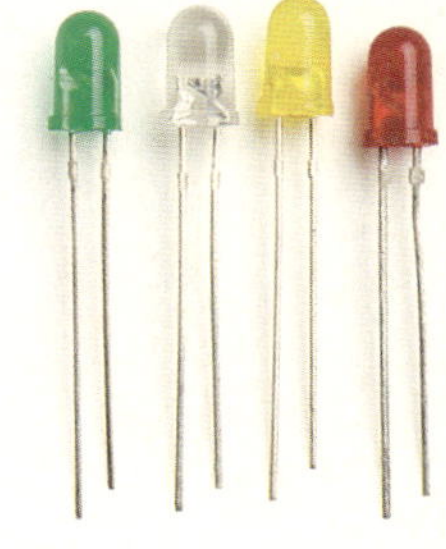

1962年，尼克·霍洛尼亚克博士发明了发光二极体（LED），当时他任职于通用电器（General Electric）。这位喜欢在地板上匍匐前进和爬绳子的发明家是电晶体的发明者约翰·巴丁（John Bardeen）的学生。霍洛尼亚克专攻矽以及半导体的研究。

LED灯经常被用在红绿灯、交通标志、电视屏幕、手表和遥控器上。作为不需要灯丝的小电灯泡，LED灯可以被安装在电线和电路上，通过半导体和可自由运动的电子导电。1960年代末，LED灯的市场出现了爆炸性的成长，好几家公司同时看好红色LED灯（当时也只有这一种颜色的LED灯）的市场前景，并将其安装在计算机和手表上。

当红色LED灯的潜力被开发殆尽时，随着技术的发展，人们开始通过运用各种气体，开发出其他颜色的LED灯。最早被推出的是黄色灯，很快又出现了被改良过的红色灯，之后又有了绿色灯、橘色灯，后来还出现了高亮度的红色。现在，只要是需要高亮度和稳定光源的工具，例如红绿灯和车灯，都是采用LED灯。

Rex马铃薯削皮刀 Rex Potato Peeler，1947年

发明者：阿尔弗雷德·钮泽瑞尔（Alfred Neweczeral），瑞士人，1899～1958年
材　质：铝、钢
制造商：瑞士Zena公司

Rex马铃薯削皮刀是一款十分常见的厨房用品。它的设计者阿尔弗雷德·钮泽瑞尔是德国移民的后裔，他于1947年设计了这一作品。其“U”状的造型和极轻的铝质材料，让右撇子和左撇子用起来都得心应手。2003年，瑞士特地为这款设计产品发行了纪念邮票。

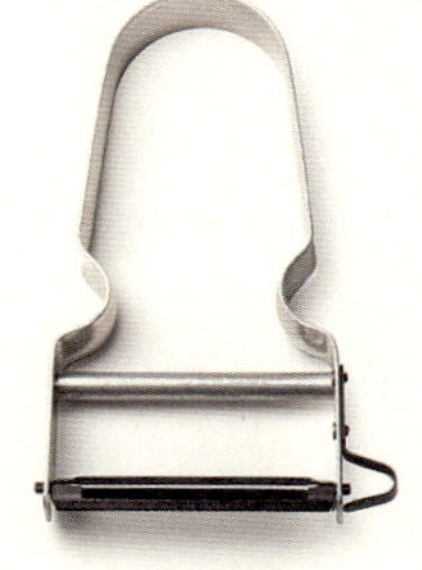

Rex马铃薯削皮刀的前端为可以活动的不锈钢刀片，一侧有一把小刀可以挖掉马铃薯的芽眼。刀头还可以控制刀刃的力道，使其不至于挖得太深。当时，马铃薯是很重要的粮食作物，这种设计可以避免浪费。水平的刀片设计让人用起来更为顺手，不会为了削到各个地方而令手腕做出不舒服的姿势。这款削皮刀重量轻、造型简单，方便人们将其握在手里。钮泽瑞尔后来在瑞士成立了Zena AG公司，专门生产和销售他所设计的削皮刀。这一设计在世界各地都申请了专利保护，并曾经多次因其所蕴涵的智慧和审美获得大奖。

折扇 Folding Fan，18世纪

设计者：不详，中国人

人类使用扇子的历史可以追溯到3000多年前的埃及法老图坦卡门时代。人们使用扇子是为了凉快，但在19世纪时，西方社会气氛很是保守，有人利用扇子秘密传情。

早期的扇子经常使用的材料有羽毛、芦苇、竹子、纸张、丝绸或羊皮纸等。18世纪初，中国沿海地区和日本开始流行可折叠的扇子。在此之前，扇子都是平的。之后，折扇传入欧洲。除了其实用功能，扇子逐渐被发展为一种艺术形式，人们在扇子上作画、刺绣，甚至将其当成人际沟通的工具。19世纪时的英国首相本杰明·迪斯雷利（Benjamin Disraeli）是一个深谙世故人心而又富有机智的人，他曾表示，扇子比刀剑的危害性更强，因为扇子可以引发人们的阶级意识与嫉妒心。英国教会则认为扇子的本质相当邪恶。当时的人们用扇子发展出一套很复杂的信号系统，称之为“abanico”——在西班牙语中代表“扇子”。当时的年轻女性被严密看管，不得随意与男性接触，但她们还是能够传递信息，从“我愿意嫁给你”到“我们仅仅是朋友”，再到更复杂的“你对我不够好”，都可以用扇子做出的动作表达。当一个女孩用扇子轻轻触碰手掌心时，是说“我想我们不适合在一起”。今天，这些以扇传情的秘密语汇已经失传，但折扇因为造型简单和好用，渐渐开始流行起来。

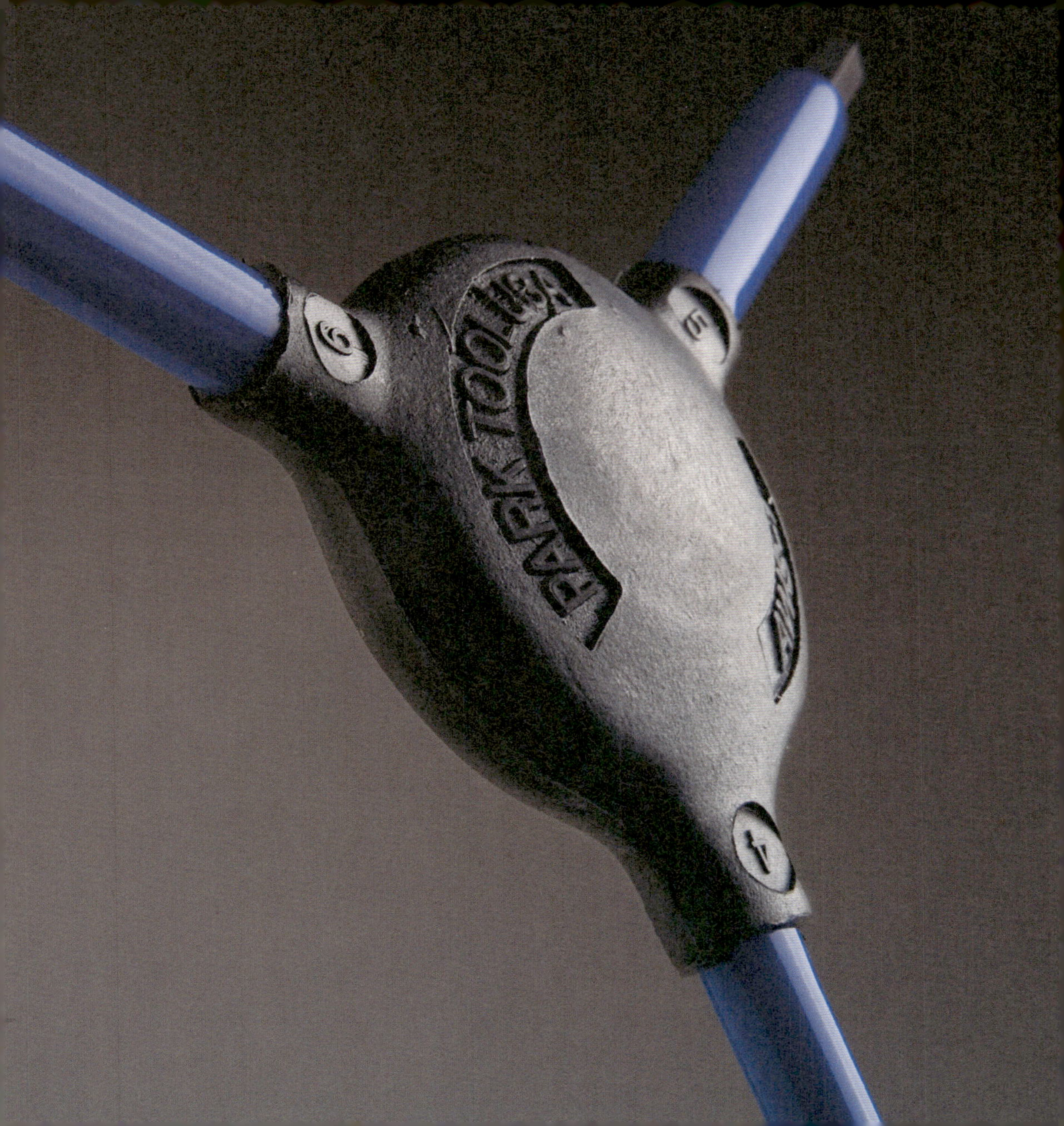
PARK TOOL

AWS-1内六角扳手 AWS-1 Hex Wrench Set，1984年

发明者：霍华德·霍金斯（Howard Hawkins），美国人，1932年生
　　　　埃里克·霍金斯（Eric Hawkins），美国人，1962年生
材　质：尼龙、钢
制造商：美国Park Tool工具公司

1984年，第一支三头内六角扳手问世，这一工具使得人们可以快速而有效地修理自行车，同时它还非常方便携带。绝大部分自行车的车把手、坐椅和零件，都是采用六角形的螺栓，通常有三种不同的尺寸，这支内六角扳手都可以将其转动或旋开。更为重要的一点是，扳手的形状使其用起来更容易施力，"Y"形的设计提高了杠杆作用，即使使用者力气比较小，也可以轻松使用。

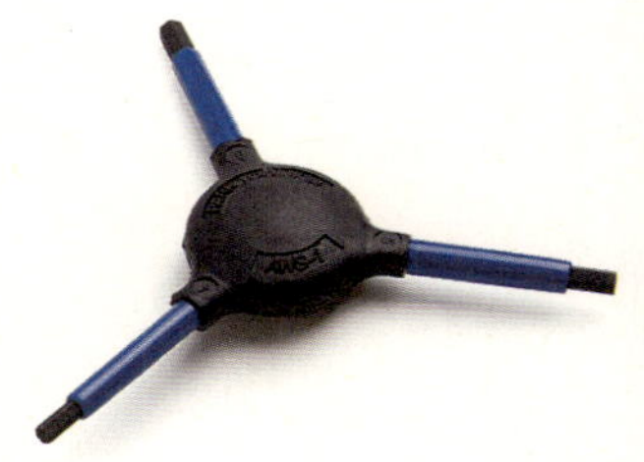

内六角扳手由埃里克·霍金斯和他的父亲霍华德·霍金斯共同设计，其外形则是这父子二人在把玩工具时偶然将扳手压在铝块中的结构。1994年，此产品已问世10年，霍金斯父子发现用原来的生产技术很难满足每年高达9万只的需求量，于是开始采用射出成型的技术。埃里克表示，每个机械技工都有一支内六角扳手，他们通常将其简称为"三向"。

软式隐形眼镜 Soft Contact Lenses，1950年代

发明者：奥托·维赫特莱（Otto Wichterle），捷克人，1913～1998年
材　质：聚甲基丙烯酸乙酯塑料
本款为美国博士伦（Bausch&Lomb）隐形眼镜公司所推出的款式

和其他许多发明一样，隐形眼镜也与达·芬奇（Leonardo da Vinci）有关。早在1508年，他就已经产生了将镜片戴在眼睛上的构想。整个19世纪，世界各地都有科学家在研究眼镜和如何研磨玻璃镜片令其更适合佩戴。1929年，匈牙利的约瑟夫·达拉斯（Joseph Dallas）开始直接从人的眼睛上取模。1936年，纽约的验光师威廉·费恩布伦（William Feinbloom）开始用塑胶材质制作软式隐形眼镜。1945年，美国验光师协会正式将软式隐形眼镜确认为其研究领域。1950年，美国俄勒冈州（Oregon）的一位验光师，发明了内镜面配合眼睛弧度的角膜镜片。

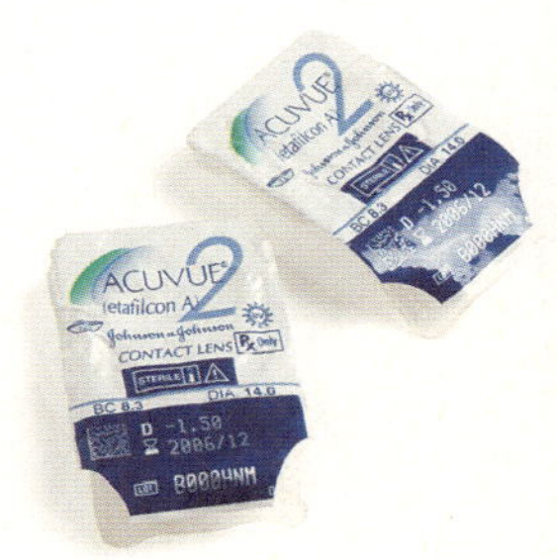

上述这些发明，均有助于隐形眼镜的技术进展，但只有化学工程师奥托·维赫特莱的发明，才真正宣告了可长时间佩戴的软式隐形眼镜真正问世。据说，当时的维赫特莱正在从事尼龙塑胶的研究工作。有一天，他在火车上看到有人在读一篇有关眼科的文章，发现自己刚刚研发的水胶，可以运用到隐形眼镜上。他苦心钻研多年，并拿自己当实验品，终于在1961年的圣诞节推出了第一款软式隐形眼镜。他请当地一家医院的患者试戴，虽然没有异物感，但并没有有效地改善视力。1962年1月，维赫特莱与硬式隐形眼镜制造商乔治·尼塞尔（George Nissel）合作，先用车床加工，使镜片可以更好地成型，终于成功地推出软式隐形眼镜。1964年，维赫特莱将其技术专利授权给了眼镜公司制作隐形眼镜。

J1 Bic抛弃式打火机 J1 Bic Disposable Lighter，1972年

发明者：法国Flaminaire打火机公司，1939年成立
材　质：钢、聚甲醛塑胶
制造商：法国Société Bic公司

1971年，以生产圆珠笔而闻名的Bic公司买下了以生产高品质打火机著称的法国Flaminaire公司。 Bic公司的老板马塞尔・比荷认为除了可长久使用的填充式打火机——例如坚固耐用的Zippo防风打火机之外，还可以开发抛弃式打火机的市场。他决定投入资源，研发可使用几周(或甚至几个月)、造型时尚的可抛弃式打火机，以方便吸烟人士随身携带。公司内部的工程师团队经过几个月的研究，推出一款比当时市面上的抛弃式打火机造型更美观、更坚固耐用的打火机。第一个模型在测试中一直表现良好，但在点火时，如果不小心太过用力地去拨动打火机的滚轮，会使得机壳爆裂。比荷对此很是不悦，要求研发团队继续研究，设计出一款绝对不会破裂的打火机。最后，和抛弃式剃须刀、Bic圆珠笔并列为Bic公司三大经典产品的抛弃式打火机终于问世。

这款新型打火机最大的特色在于其椭圆形的外壳，让人握在手里时非常舒服。因为比荷要求所有的产品都要以最高标准制作，产品的品质毋庸置疑。但是，这款打火机更多是以其外形战胜了其他的竞争对手。1973年，可以调整火力大小、有多种颜色机壳的打火机问世。随后，又出现了多种经典款式，其中包括1985年问世的迷你打火机和1990年问世的彩绘打火机。

Wiffle球 Wiffle Ball，1953年

发明者：大卫・慕兰尼（David N. Mullany），美国人，1908～1990年
大卫・慕兰尼（David A. Mullany），美国人，1940年生
材　质：聚乙烯塑胶
制造商：美国Wiffle Ball公司

2003年，Wiffle球迎来了它的50岁生日。作为一项很特别的发明，Wiffle球曾经给几代美国人带来美好的时光。跟许多经典设计作品一样，Wiffle球能够诞生也要归功于其发明者偶然产生的灵感。1953年的一天，住在美国康涅狄格州（Connecticut）谢尔顿市（Shelton）的大卫・慕兰尼下班后，看到正值青春期的儿子和朋友们在后院打棒球。孩子们用一个高尔夫球和一把扫把，假装在投棒球中难度最大的曲线球。这吸引了慕兰尼的注意，他想如果球的上下两个部分重量不同，球体应该可以投出曲线球。有位在附近工厂工作的朋友，给了他几个Coty香水公司的圆形塑胶包装盒做实验。他将球体的一部分裁掉，减轻这部分的重量。之后他发现，不仅是球体各部分的重量对球的路线有影响，切口的形状也不容忽视。

当时的孩子们把挥棒落空的击球者称为“whiff”，因此他将自己的发明取名为Wiffle球。慕兰尼对自己的作品很有信心，他将自己所有的财产都投入到Wiffle球的生产上。父母们很欢迎这种球，因为孩子们在玩这种球时不会把门窗玻璃打破。孩子们喜欢它则是因为Wiffle球更强调投球技巧，而不是投手的体重或力量。Wiffle球至今仍由慕兰尼的儿孙们在康涅狄格州纽黑文市（New Haven）的小工厂生产。

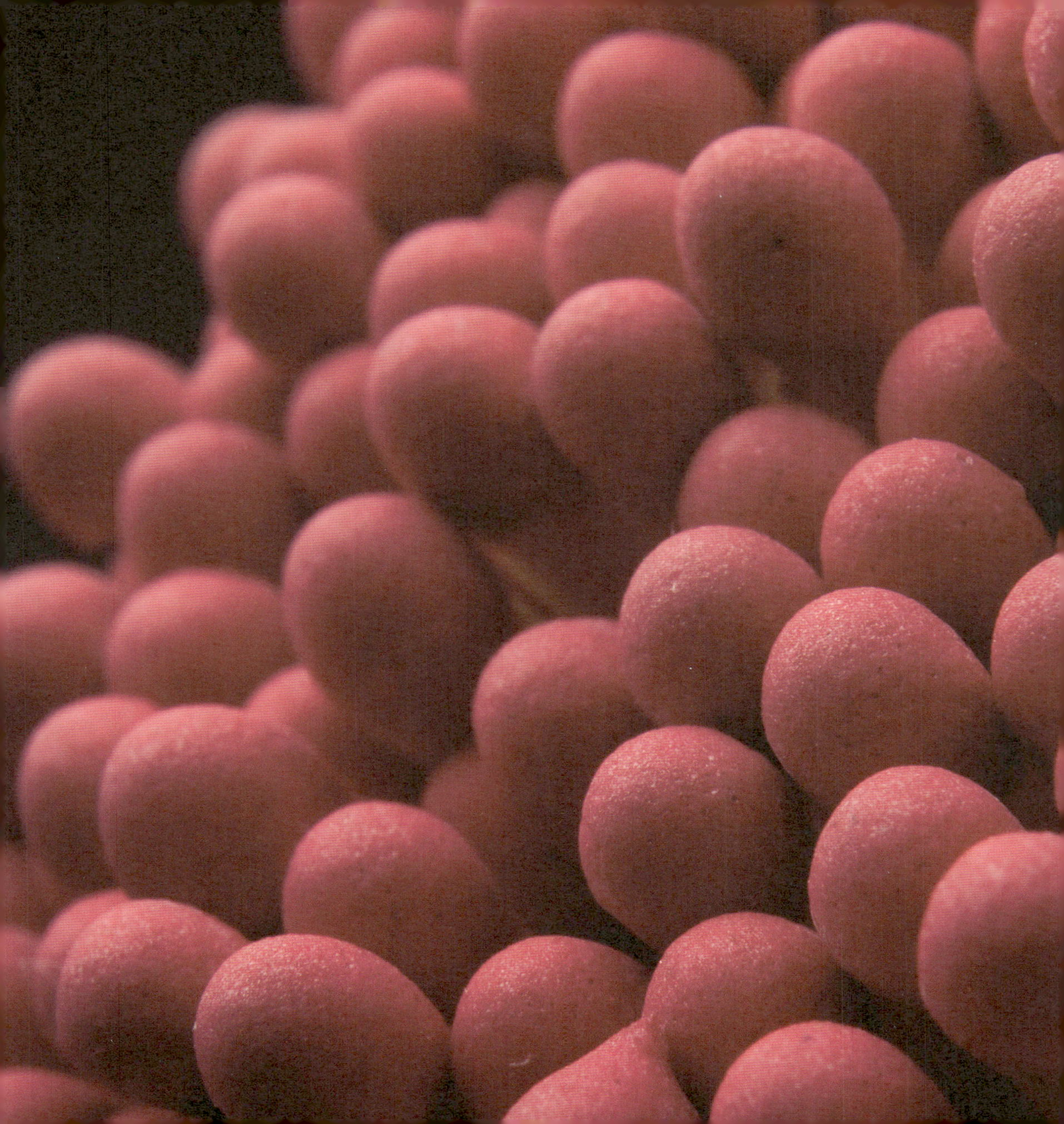

火柴 Friction Match，1826年

发明者：约翰・沃克（John Walker），英国人，1771～1859年
材　质：木材、硫黄、磷

火柴是个毫不起眼的小东西，但它蕴涵着人类在漫长岁月中不断寻求完美的力量：控制火的能力。人们经过几个世纪的艰难摸索，直到1826年，火柴的制作技术才取得了明显的进展。当时的科学家发现，白磷一遇到空气就会自燃，若将其与不同比例的硫磺混合，就能提高其稳定性。1827年，第一盒火柴问世并开始销售。1845年，红磷火柴开始占领市场。1855年前后，红磷被运用到所谓的安全火柴上，取出火柴与摩擦点火被分为两个程序，从而增加了使用时的安全性。

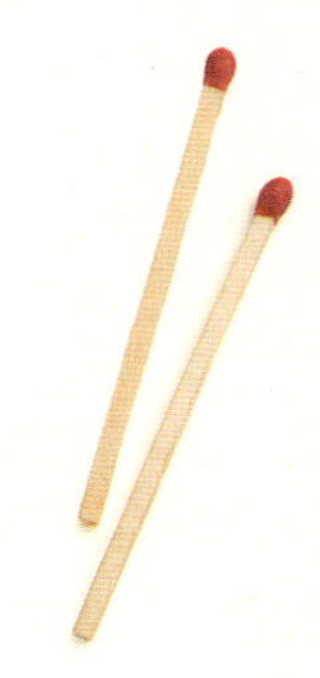

当时生产火柴使用的磷化合物都是剧毒的，严重地伤害了火柴工厂工人的身体健康，如果孩子不小心将其放进嘴里，会产生致命的后果。火柴如此危险，以至于1870年代以前，其被称为“撒旦魔王”。1910年，钻石火柴公司（Diamond Match Company）发明了无毒火柴，并申请了专利。这一发明相当重要，连当时的美国总统威廉・塔夫特（William H.Taft）都曾要求该公司出让专利以让更多的人从中受惠，而钻石公司也答应了。很少有公司能这么慷慨。

目前，全球每年使用5000亿盒火柴。

USA

迷你Maglite手电筒 Mini Maglite，1987年

发明音：安东尼·麦格里卡（Anthony Maglica），美国人，1930年生
材　质：铝
制造商：美国Mag Instrument公司

自从安东尼·麦格里卡发明Maglite手电筒之后，一般人常放在家中车库或床底下的手电筒进入了新纪元，使用者无须再担心手电筒会出问题。在Maglite推出之前，手电筒的品质很不稳定，常常容易出现故障。

安东尼·麦格里卡生于纽约，却在克罗地亚（Croatia）长大。1950年，他跟许多怀抱美国创业梦的移民一样，移居美国，在加尼福尼亚州落脚。他一边背英文单词一边打零工赚钱。一存够头期款125元美金就立刻买了一台车床，在洛杉矶的家中创业，成立Mag Instrument公司。一开始麦格里卡生产工业用的工具机械，但很快他就成为工业、航空及军用机械零件方面的专业制造商。他发现市场对品质稳定的手电筒有极大的需求，特别是消防队员及警察等群体。因此，他便在1979年推出Maglite手电筒。1982年，麦格里卡带领着当时的80名员工进驻南加州的大型厂房，开始生产可充电的手电筒，性能优于当时市场上所有同款的产品。

1984年，他推出一款较小的充电Maglite手电筒，紧接着又在1987年推出用四号电池的迷你Maglite手电筒，然后又在1988年推出超迷你的Solitaire Maglite手电筒。直到现在，所有的产品开发及相关研究仍然由麦格里卡亲自主导。

邦迪 Band-Aid，1921年

发明者：厄尔·迪克森（Earle Dickson），美国人，1891～1936年
材　质：可黏式绷带、棉花
制造商：美国强生公司

住在新泽西州（New Jersey）的新伯伦瑞克市（New Brunswick）的厄尔·迪克森，是强生公司的棉花采购人员。由于他的新婚妻子在烹调食物时，常常不小心切到手指，因此他准备了一些预制的绷带，让妻子可以保护伤口。他将一小片纱布放在涂着黏胶的绷带中央，再用硬衬布将棉花盖住以保持卫生。他将这个想法告诉了老板詹姆斯·强生（James Jhnson），强生立刻决定以Band-Aid为名，开始销售这种可黏式新款绷带，迪克森也旋即升任公司的副总裁。如今Band-Aid几乎已经成为绷带的同义词，使用范围相当广泛。目前市面上共有上千亿种不同款式、尺寸的绷带，包括1956年推出的有图案的绷带，以及经抗菌处理的绷带。

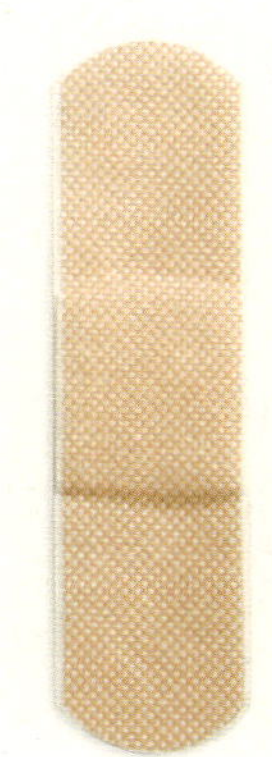

夹脚拖鞋 Flip-Flop's，1940年代后期

设计者：不详
材 质：橡胶、塑胶
本款式由巴西Havaianas公司生产

夹脚拖鞋坚固耐用，穿过即可丢弃。男女老少都喜欢这种穿起来方便、质地又轻的舒服鞋子。第二次世界大战后，夹脚拖鞋从日本传入美国。

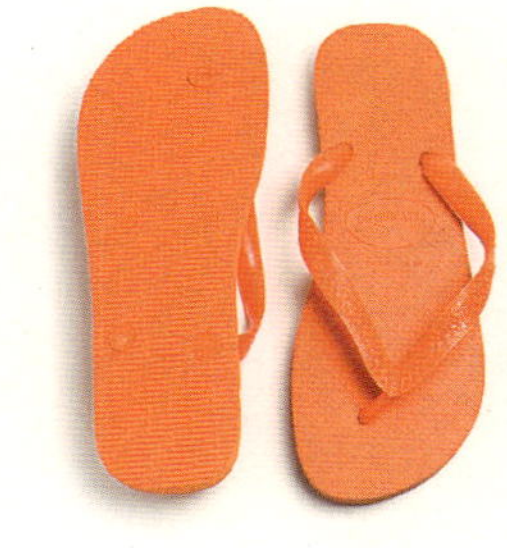

夹脚拖鞋的外形借鉴了传统日本草鞋Zori的设计。Zori是一种平底凉鞋，仅仅在脚拇趾和脚食趾之间有一条皮带。Zori本身是对Geta（指日本传统木屐）的改良。Geta 则是在厚重的木头鞋底上，装有两条布做成的“V”字形鞋带。日本女性常穿这种鞋子，以免和服拖到地上。夹脚凉鞋刚一推出便风靡整个亚洲，并在第二次世界大战后传入夏威夷，之后又传入许多西方国家，所以现在包括巴西在内的许多国家都称其为“Havaianas”。战争时期，物资短缺，夹脚拖鞋因为造型简单、用料很少，很受欢迎。加利福尼亚州海滩的冲浪爱好者们也立即喜欢上了它。

有关夹脚拖鞋的奇闻轶事颇多。据说在1950年代，日本当局曾用其区分纯正的日本人跟韩裔日籍人士。由于日本人穿Zori的历史太长了，所以一般日本人的脚拇趾跟食趾间的距离比较大，日本官员正是用这一点来辨别纯正的日本血统。因为文化上的差异，美国人跟日本人穿夹脚拖鞋的方式很不同。美国人通常是用脚趾头紧紧夹着鞋带，而日本人则是托着脚后跟，用大腿肌肉施力。

自动调心轴承 Self-Aligning Ball Bearing，1907年

发明者：斯文·温奎斯特（Sven Wingqvist），瑞士人，1876~1953年
材　质：镀铬钢
制造商：美国SKF Industries公司

无论是效率还是美观，滚珠轴承都堪称是工业机械时代——通常人们这样描述1920年代到1930年代——的象征。那个时代的设计师和普通消费者不仅注重产品的外表及风格，也相当重视机械零件的纯粹功能美学，这也预示了一个工业生产新纪元的到来。

事实上，滚珠轴承是工业生产中相当重要的要素。若没有了它，机械零件在运转时就会因为摩擦过度需要常常更换。滚珠轴承大大降低了两个相对运动的零件间的摩擦力。轮式溜冰鞋是最早利用滚珠轴承的代表性发明。其基本构造是用简单的木材或合成树脂作为鞋子基座，下面加上滚珠以承受人的身体重量，让轮子顺畅地运转。

1749年，英国的菲利普·沃恩（Philip Vaughan）率先提出滚珠轴承的概念，但是斯文·温奎斯特的设计则完全脱离了这一构想。他设计的这款坚固的滚珠轴承在结构上比单轨的滑动式轴承更为合理。单轨轴承在转速变换过程中会消耗部分能量，而这款轴承的滚珠可以自动调整，既不影响其负载能力，又能吸收运转时产生的摩擦阻力，是极佳的工业用品。更为重要的是，滚珠轴承解决了过热的问题，提高了全世界工业生产的效率。

LEGO
LEGO
LEGO

乐高积木 LEGO Building Bricks，1954～1958年

发明者：古特弗莱德·柯克·克里斯蒂安森（Godtffed Kirk Christiansen），
丹麦人，1920～1995年
材　质：ABS塑胶
制造商：丹麦乐高集团

1932年，奥莱·柯克·克里斯蒂安森（Ole Kirk Christiansen）在丹麦小镇比隆（Billund）开办了一家小木工厂，开发建筑类玩具。1934年，他创立了后来享誉全世界的品牌乐高（leg godt）。在丹麦文中，这个词的意思就是“用适当的方法玩”（play well），而在拉丁文中则代表着“我学习”（I learn）。几十年来，乐高积木正是以这样的精神，启发着全世界的儿童。

1949年，古特弗莱德·柯克·克里斯蒂安森开发了一套木质的自动组装积木，并于1954年将其重新命名为乐高积木。现在我们常见的塑胶积木是以1958年发明的“凸起圆点”方式接合。1962年，乐高积木被引进美国。一开始，积木使用醋酸纤维素制造，后来选用材质更稳定、色彩品质也更佳的ABS塑胶。乐高积木有不同的颜色、外型及尺寸，孩子们可以将它们组装成汽车、海盗船、太空船以及各式各样的立体游戏环境。古特弗莱德·柯克·克里斯蒂安森作为乐高积木发明者的儿子，认为游戏是学习跟探索的过程，这些都是儿童成长发展的基本要素。

近年来，乐高也推出了互动式的软件、以故事为蓝本的建筑环境，以及机器人系列。乐高甚至还为成年人开发出一套名为LEGO Serious Play的商业策略建构系统。根据乐高公司的估计，在过去的60年里，该公司所卖出的积木数量若平均分配给地球上的60亿人口，每人可分配到52块乐高积木。

卫生棉条 Tampax，1929年

发明者：厄尔·克利夫兰·哈斯（Earle Cleveland Haas），美国人，1888～1981年
材　质：棉花、纸
制造商：美国实验集团（Procter&Gamble）

卫生棉条极大地提高了全世界女性的生活品质，在重要性和必需性两个方面，都堪称是一项伟大的设计作品。1929年，因为经常听到太太抱怨传统的卫生棉用起来太不舒服，美国丹佛市（Denver）的内科医生厄尔·克利夫兰·哈斯开始利用业余时间研究卫生棉。他的一个朋友偶然向他提到自己曾在生理期时往身体里塞海绵，这让他想到是不是能用类似的方式来解决问题。哈斯认为压缩过的棉花条与朋友所描述的海绵应有相同的吸收效果。因此，他用一条细绳把一片约二英寸宽，五到六英寸长的棉花卷起来，并且在顶部露出一小段细绳以方便抽取，设计出第一个产品原型。卫生棉条不仅能有效解决女性生理期的问题，而且使用方便，还可以直接丢进抽水马桶冲掉。1936年，丹碧丝卫生棉条公司（Tampax Incorporated）正式成立，公司名称就是其主要产品的名称。为了推销卫生棉条这种新的产品，公司聘请一批“卫生棉条小姐”进行推广介绍，以消除人们对这一产品的疑虑。但是，一直到1945年，《美国医学会期刊》（*Journal of the America Medical Association*）发表文章阐述了其可行性之后，卫生棉条才真正被社会大众所接受。

第二次世界大战期间，丹碧丝卫生棉条公司的棉花配额偏低，但由于与传统的卫生棉垫相比，卫生棉条的棉花用量要少很多，因此还是可以正常生产。当时的卫生棉条广告不断地强调卫生棉条能够让使用者行动自如，尤其是从事体力劳动时更适用。当时女人们被号召要向男人那样工作，这一广告的号召力可想而知。当年的广告语“没空休息”（No Time for a time out），不仅切合当时的状况，对于现代社会的女性也同样适用。

筷子 Chopsticks，约公元前3000年

设计者：不详，中国人
材　质：竹子、木材

人类使用筷子的历史，可以追溯到5000多年前。在记载中国在公元前8世纪到公元前5世纪间的《礼记》一书中，就已经提到了筷子。筷子出现于商朝（公元前1600～公元前1046年），据说是大禹发明的。大禹是古代中国的一个部落领袖，因为工作繁忙，不愿意在吃饭上花费太多时间。他实在不愿意耐心等待盛饭的锅子凉下来，顺手把一根树枝折成两截，把食物从热腾腾的锅中夹了起来。

先后出现过的筷子有五种，现在，竹子或木头做的筷子最为常见，一般家庭或餐厅用的都是这两种，但也有用金属、骨头、石头或其他复合材质做成的筷子。唐朝（618～907年）曾经出现用金或银制成的筷子，人们认为这两种材质可以测出食物是否有毒。根据相关研究，人们在使用筷子时，会同时用到30个以上的关节以及50个以上的肌肉部位，这是因为筷子仿佛是手指功能的延伸，其操作方式则是对杠杆原理的应用。世界上最长的筷子接近40厘米。目前中国每年生产450亿双一次性筷子，日本则大约250亿双。

数码光碟 Digital Compact Disc，1970年代

发明者：飞利浦实验室，荷兰，1891年成立
　　　　索尼实验室，日本，1946年成立
材　质：聚碳酸酯
制造商：荷兰皇家飞利浦电子公司

1960年代末，美国工程师詹姆斯·罗素（James T. Russell）发明了第一片数码光碟。他曾经在通用电器任职，业余时间很喜欢听音乐。他不太满意当时常见的乙烯基材料做成的录音带的音质，开始想法子解决这一问题。一开始，他试着用仙人掌的刺针取代留声机的唱针，但每次用手去摆弄时都免不了被刺一下，很不方便。他开始研究在无须任何元件进行直接接触的情况下进行录音及播放的方法。在研究过程中，他发现可以用光将大量的信息储存到一块很小的表面上。1970年，他取得了第一个数字光学录音播放系统的专利，将直径为微米大小的光影通过显影记录在光盘上，再通过激光输入电脑将其转为声音资料或影像资料。

1969年，荷兰物理学家克拉斯·坎本（Klaas Compaan）及皮耶特·克莱默（Piet Kramer）也在开发一种全息光盘技术，他们与飞利浦的盒式录音磁带专家劳·阿顿（Lou Outten）合作，共同研发出直径115毫米的聚碳酸酯光盘，并于1979年发表第一款作品。由于需要一种日本索尼公司早已发展成熟的技术，飞利浦与索尼达成合作协议，共同制定相关的生产标准。1981年，双方合作关系宣告终止，两家公司开始发展各自的CD音响。1982年，索尼推出世界上第一张音乐CD——歌手比利·乔（Billy Joel）的《第52街》（*52nd Street*）。

睫毛膏 Mascara Wand，1960年代

设计者：不详
本款为Maybelline在1971年推出的Great Lash睫毛膏
制造商：美国Maybelline化妆品公司

和本书中提到的其他许多设计作品一样，睫毛膏已经在人类的历史中存在了很久。其英文名称“mascara”来源于阿拉伯文中的“maskhara”一词，意思是小丑，也是面具一词的词根。根据许多文献记载，古埃及和古印度的人就已经开始用化妆品给眼睛和睫毛上色，当时的人们把蜂蜜、鳄鱼粪、铅、蜡、蜜蜡、油等各种材料，混合在一起，调成糊状，来修饰眼部轮廓。1917年，美国的威廉（T.L.Williams）看到他妹妹梅布尔（Mabel）把凡士林膏涂抹在睫毛上，从中受到启发，将凡士林膏与炭粉调在一起，推出了第一支睫毛膏并开始公开销售。他将妹妹的名字“Mabel”和凡士林的英文名称“vaseline”结合在一起，为公司取名为Maybelline。当时的睫毛膏为饼状，使用的时候要先加水打湿，再用刷子蘸取。

1939年，芝加哥的弗兰克·恩格（Frank L. Engel Jr.）开始将睫毛膏与刷头盛放在同一个容器里，并为这一发明申请了专利。随着第二次世界大战的爆发，睫毛膏的技术开发被搁置。1958年，美国化妆品界的女大佬Helena Rubinstein推出一款笔型的睫毛膏，取名为Mascaramatic，这款睫毛膏的盖子上附有带凹槽的金属刷头，小巧、好用、方便携带。1960年代，出现了许多合成材料，几家国际性化妆品公司开始投入睫毛膏的市场竞争，争相在技术上进行革新，原来的金属刷头被改成现在常见的刷头。睫毛膏刷头按照其功能有不同的造型，以起到使睫毛增长、卷翘或浓密的效果。我们在这里选的是Maybeliine公司在1971年推出的经典款式Great Lash睫毛膏，藉以表达对20世纪早期这项伟大发明的敬意。

变形球 Transforming Sphere，1995年

发明者：查克·霍伯曼（Chuck Hoberman），美国人，1956年
材 质：聚丙烯、ABS塑胶
制造商：美国霍伯曼设计（HonermanDesigns）

有时候，一些工程师也可能为我们奉献出新创意和新造型。比如理查德·巴克明斯特·富勒所创立的风格，曾经对不同领域在设计方面产生影响，从建筑到足球的球体设计，莫不如是。兼具艺术家及工程师两种身份的查克·霍伯曼则倾尽毕生之精力研究收放自如的结构，他最著名的代表作就是变形球。他最开始设计出的变形球用铝质材料做成。1992年，这款设计作品在新泽西州的自由科学中心（Liberty Science Center）展出。这一动态雕塑的直径可以在4.5英尺到18英尺之间自由变换。其玩具版于1995年问世，共有四种不同的尺寸。霍伯曼同时还是一位结构工程师，他最近的作品有2002年在美国盐湖城（Salt Lake City）举办的冬季奥运会会场的霍伯曼拱门。

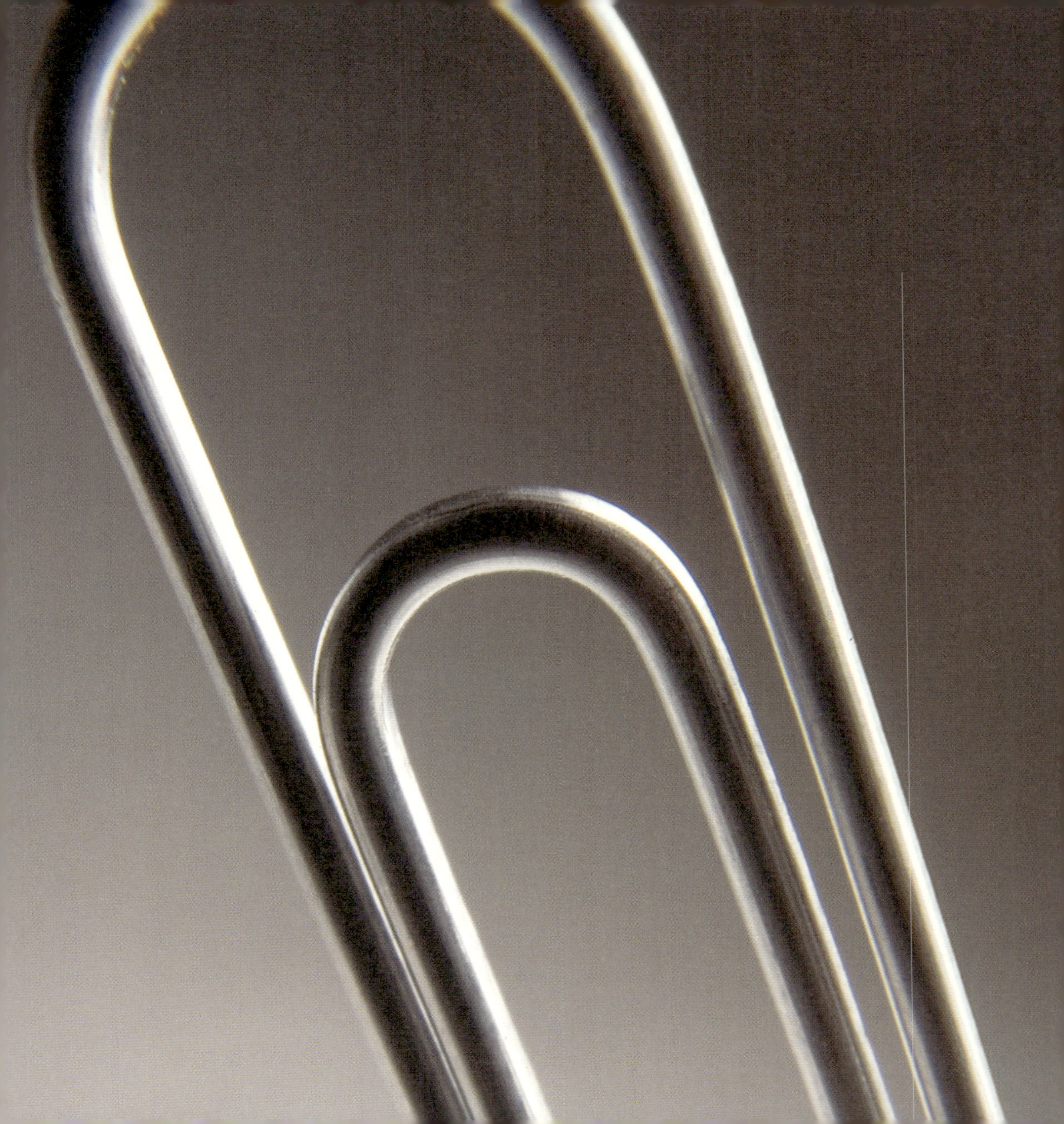

回形针 Slide-on Paper Clip，1890年

发明者：威廉·米德尔布鲁克（William Middlebrook），美国人，出生时间不详
英国Gem Manufacturing公司
材　质：钢
制造商：本款由美国ACCO Brands生产制造

13世纪时，回形针还没有被发明出来，人们通常先在纸上打洞，再用短丝带将文件装订起来。这之后的600年里，文件装订技术的唯一进展就是给丝带打上蜡，让它们变得更结实一些。直到弹性钢丝出现，回形针才有了产生的可能。挪威专利局的职员约翰·瓦莱（Johann Vaaler）发明了第一枚三角形回形针，并于1899年在德国申请了专利。另外，英国的Gem Manufacturing公司早在1890年就发明了回形针，但直到1907年才申请专利。目前人们最经常使用的椭圆形回形针就是Gem Manufacturing 公司设计的。1899年，威廉·米德尔布鲁克申请了制造回形针的机器的专利。

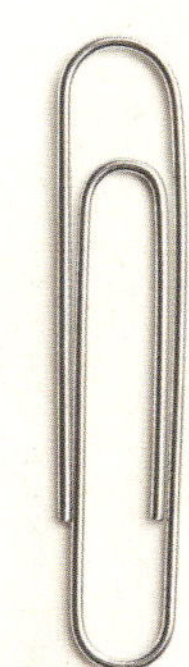

回形针经过不断地改良，款式也不断被推陈出新。回形针一共有八种重要的品质要求，但是，迄今为止，还没有一枚回形针可以同时满足这八种要求。回形针不能卡住、切断或扯破纸张；不能钩住其他回形针；要能夹住一叠厚厚的文件；要足够薄以不占太多空间，从而降低邮资；必须尽量地少用材料，以降低成本；要容易使用。虽然没有任何一枚回形针可以同时达到这八种品质要求，它仍是最容易使用、年代最久远的设计作品之一。到目前为止，还没有任何一款产品可以替代回形针。我们至少还得把回形针再用上600年。

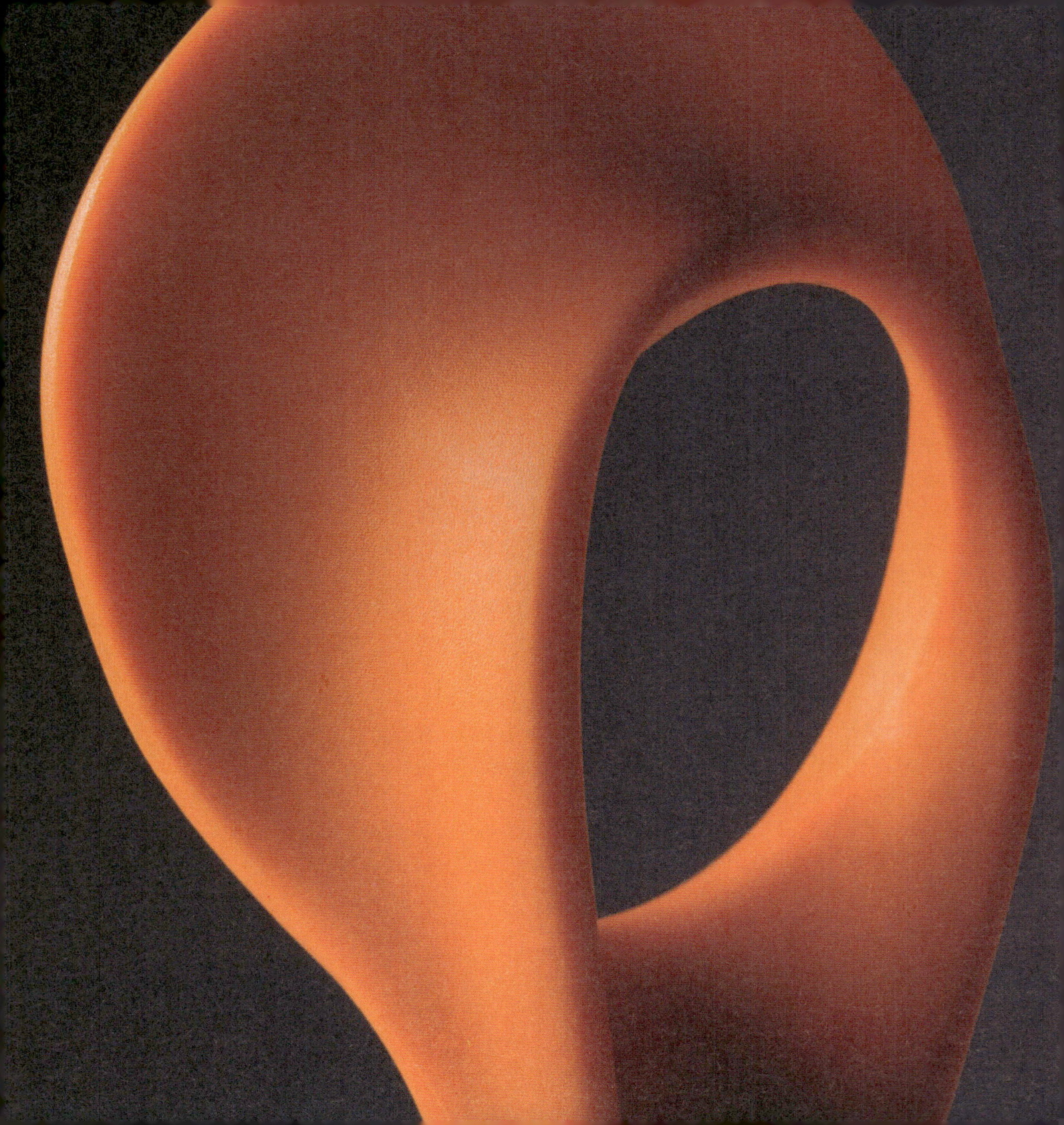

O系列剪刀 O Series Scissors，1960年

发明者：奥洛夫·帕贝克斯托姆（Olof Bäckström），芬兰人，1922年生
材　质：ABS塑胶、不锈钢
制造商：芬兰Fiskars公司

这款剪刀为了适应不同的握姿，将握柄设计出各种不同的尺寸。这一点是多么富有独创性啊！最好的设计经常来自对人们使用物品方式的观察。纺织工匠们多年一直使用这种剪刀。Fiskars公司将这种体贴人的设计精神带入工业时代，让更多的使用者从中受惠。奥洛夫·帕贝克斯托姆一开始是工程师，后来成为木雕家，并于1958年加入Fiskars公司担任工业设计师。在成功地推出一系列餐具后，他开始设计剪刀及相关产品，并最终将Fiskars打造成国际品牌，而他设计的这款剪刀也成为极富有生命力的设计典范。帕贝克斯托姆所擅长的木雕工艺在这款剪刀的设计上清晰可见，握把线条流畅，几乎就像是手工雕刻而成。而事实上，这款剪刀是以自动射出成型的方式大量生产的。

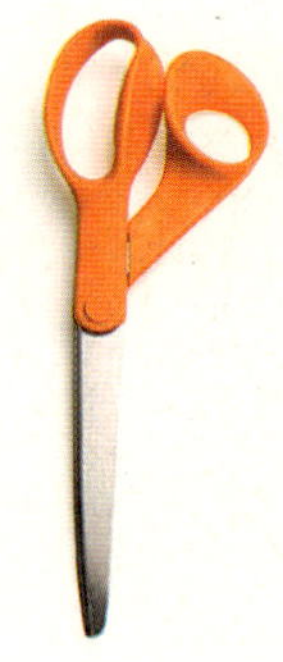

晶体管 Transistor，1947年

发明者：约翰·巴丁（John Bardeen），美国人，1908～1991年
瓦尔特·布拉顿（Walter H. Brattain），美国人，1902～1987年
威廉·肖克利（William B. Shockley），美国人，1910～1989年
制造商：美国贝尔电话实验室

晶体管通常被用在无线通讯上放大类比讯号，或用做计算机处理器的电路板开关。在晶体管发明之前，人们只能采用李·德雷·福里斯特（Lee de Forest）于1906年所发明的放大真空管。但是，真空管性能不稳定，使用起来很耗电，而且还会产生太多的热。第二次世界大战快结束时，贝尔电话实验室的研究室主任默文·凯利（Mervin Kelly）召集了一批优秀的科学家，希望发明出更好用的产品。当时这一团队由理论家威廉·肖克利领头，成员有实验物理学家瓦尔特·布拉顿及理论物理学家约翰·巴丁等人。

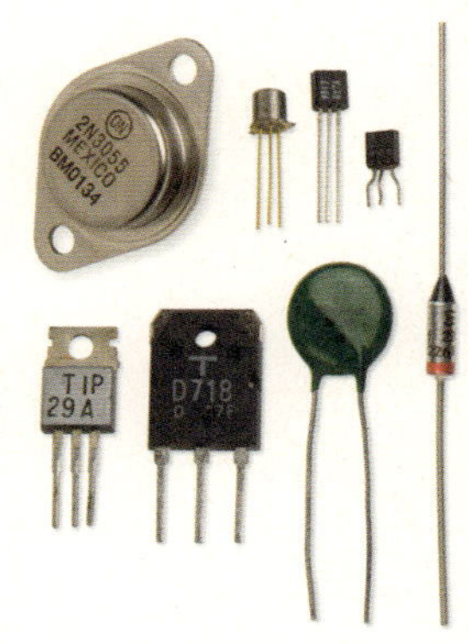

布拉顿及巴丁的研究进展缓慢，1946年秋天，因为遭遇了太多的挫折，巴丁愤怒而又绝望地将成果报告丢进实验室的水桶里。他觉得他们可能采用了错误的研究方法，误解了电子的属性，所以才会将金属线插入塑胶板中去做点接触式晶体管。肖克利对他们的研究也非常失望。他把自己关在芝加哥的一家旅馆里，在里面足足待了四个星期，终于产生了新的想法，之后又花两年时间做出了原型。1948年，第一个晶体管问世。据说是贝尔实验室的一位业余时间写科幻小说的工程师取的名字。

发明晶体管的三位科学家仅从中获取了很少的报酬。不过，这项发明却让他们获得了1956年的诺贝尔奖。晶体管收音机的问世，让记者查尔斯·斯图尔特（Charles Stewart）从沙漠游牧民族贝多因人（Bedouin）那里，听到了马丁·路德·金（Martin Luther King）被刺杀的消息。现在，无论是录像机、手机、复印机、汽车还是电动游戏，晶体管都无所不在。如果没有晶体管，就没有今天的网络技术，人类也不可能登上太空。

T恤 T-shirt，1910年代

设计者：不详
材 质：棉
制造商：本款由美国Fruit of the Loom生产制造

早在1913年，美国海军就已经开始把白色的棉质短袖“水手”领汗衫，当作穿V领制服时的内衣。T恤之所以有这样一个名字，是因为它平摊开时的形状像字母T。它的历史可以追溯到第一次世界大战期间。当时的美国军队发现欧洲士兵在湿热的夏天里，穿着轻薄的棉质内衣。与美军的羊毛制服相比，这些棉质内衣穿起来要舒服很多，于是美军也开始采用。第二次世界大战时，T恤已经成为美国海军及陆军的制式内衣，而“T恤”一词成为美式英文中的正式用语。电影的推波助澜，令T恤进一步扩大影响。1951年，《欲望号街车》（*A Street Car Named Desire*）的观众们在看到里面的马龙·白兰度（Marion Brando）扯下身上的T恤，露出结实的胸膛时，简直是又惊又喜。到了1955年，T恤已经不再被人们当做内衣，而成为可穿着外出的上衣。

飞利浦螺丝钉 Phillips Head Screw，1930年代初

发明者：亨利·飞利浦（Henry F. Phillips），美国人，1890～1958年
材　质：钢
制造商：美国Phillips Screw公司

因为注意到人们在拧螺丝钉时希望可以更快，尤其是希望扭力更强、更好操作，住在美国俄勒冈州波特兰市（Portland）的亨利·飞利浦，设计出这款十字头螺丝钉。这款螺丝钉可以用自动螺丝刀在其中心施力。这就让螺丝刀更容易定位，也更适合机械化的生产流程。1936年，这一设计产品被通用汽车公司的凯迪拉克车款生产线所采用，表明了市场对这一设计的巨大肯定。然而飞利浦在1949年失去了专利权，只能看着自己的作品被大量仿制。唯一值得安慰的一点是品牌和公司依然以他的名字命名。

口红 Lipstick Tube，1915年

发明者：莫里斯·列维（Maurice Levy），美国人，出生时间不明
本款由法国娇兰（Guerlain）化妆品公司生产制造

口红已经出现了几千年，男性和女性都使用过它。不过，直到1915年，代表完美女性形象的现代口红才问世。

因为受到传统清教徒的影响，20世纪以前，口红在北美的使用者并不是很多。20世纪初期，法国娇兰公司开始将口红装在管状容器里，口红在北美才开始流行起来。1912年，一些女权运动的激进分子，例如伊丽莎白·凯蒂·斯坦顿（Elizabeth Cady Stanton）、夏绿蒂·柏金·吉尔曼（Chartofte Perkins Gilman）等人，将使用口红看成脱离男权统治的象征。

年轻人一直是推动化妆品包装进行革新的主要动力，例如Maybelline公司的睫毛膏、蜜丝佛陀（Max Factor）的粉饼，都是应年轻人的需求应运而生，口红也是一样。莫里斯·列维当时在康乃迪克州史考菲尔公司（Scovil Manufacturing Company）工作，他设计了一款用子弹造型的金属盒子包装的口红。这款口红价格适中，一推出就受到市场的欢迎，安然度过了第一次世界大战和1930年代的经济大萧条时期。第一代管状口红还没有能够将口红旋转推出的装置，但其造型后来给德国汉高（Henkel）公司的一位科学家带来了灵感，在1969年设计出布里特（Pritt）口红胶。

Zippo打火机 Zippo Lighter，1932年

发明者：乔治·格兰特·布莱斯德尔（George Grant Blaisdell），美国人，1895～1978年
材　质：镀铬
制造商：美国Zippo打火机公司

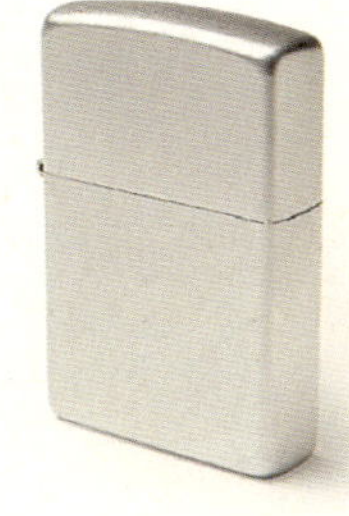

这款设计堪称美国设计的骄傲。Zippo打火机的蓝本是奥地利的防风打火机，宾夕法尼亚州布瑞福镇的乔治·格兰特·布莱斯德尔对其加以改良并倾毕生精力不断对其重新设计。现在他的工厂依然在原址营运。

第一款原型设计于1932年，上盖的外部由铰链连结。1936年推出的款式有点方正，外表光亮，看起来很优雅，成为最终定案的设计。Zippo这个名字来自拉链（Zipper）一词。这款打火机问世之后很快在全球都受到热烈欢迎，同时引爆一股收藏风潮。除了在生产流程上做了一些细微的调整，至今Zippo的生产方式与1930年代刚推出时没什么不同。

谢辞

即使是再伟大的构想，如果无法实现，也一文不值。真正的挑战在于将构想加以实现，而这往往非个人之力所能及。因此，我要感谢几位推我一把，让我把想法付诸实现的朋友们。

纽约现代艺术博物馆（MoMA）是我的生命、我的灵感、也是我的幸运之星。*Humble Masterpieces*原本只是纽约现代艺术博物馆皇后馆区在2004年夏天举办的一场展览。这场展览能够成功举办，首先要感谢全馆的全体员工，特别是展览的工作人员。同时，我也要感谢一直很支持我的建筑与设计策展人特里·赖利（Terry Riley）、设计出明亮温馨的展场的杰里·诺伊纳（Jerry Neuner）、替展览设计出大胆创新的平面影像的詹姆斯·郭（James Kuo）和伯恩斯·马格鲁德（Burns Magruder），以及其他众多工作人员，感谢全馆上下所有的同人。我也要特别感谢当时还只是实习生，现在已升为策展助理的帕特里夏·洪科萨·费尔瑞尼（Patricia Juncosa Vecchierini），因为有她的全心投入，这次展览（以及许多其他的展览）才能够圆满完成。

本次在纽约现代艺术博物馆的展品共有120件，但书中最后只撷取其中的不到50件。原因是，第一，书中提到的所有物品，必须在世界各地都能以合理的价格取得，然而展品中有许多物品已经不再为一般人所使用。此外，当时馆内的访客留言簿上有许多很棒的建议，让我无法抗拒。因此，我也要感谢这些热心的观众给我们的建议。

这本书的诞生要感谢迈利克·凯兰（Melik Kaylan）。迈利克善于启发灵感，带动讨论，跟他辩论的过程，往往产生有趣的结果。通过他，我结识了朱迪丝·里根（Judith Regan），或说我先生拉里（Larry）和我有幸认识朱迪丝。拉里和朱迪丝是我见过的人当中最有活力、最热情、最热心、讲话速度也最快的两个人。有他们两个人倾听我的想法，和我讨论我想做的事情，先是个别听，然后再一起讨论，亲爱的读者，我别无选择，这本书非写不可。说实话，我真希望每个人都能有一个像拉里一样的另一半，能够协助他们达成心中的目标，还有一个像朱迪丝这样的朋友，相信我脑中那些奇奇怪怪的想法真的能够实现。朱迪丝证明了一个人即使在专业领域中占有一席之地，也并不一定要牺牲直觉与情感，对事情不一定只能严肃以对。

我衷心感谢本书的编辑凯西・琼斯（Cassie Jones），谢谢她的耐心指导。而伊娃・哈格伯格（Eva Hagberg）不仅协助我做研究，同时也负责本书内容的撰写，对书中许多物件做了详细的描述。这些都不是她份内的工作。我想要告诉她，相信不管她未来从事哪一行，她热情与慷慨付出的态度，都将让她有所成就。此外，我也要感谢协助我进行事前资料准备的阿利扎・弗格森（Aliza Fogelson）。

很高兴能够跟本书的艺术总监理查德・里昂尼斯（Richard Ljoenes）合作。这是我们第一次合作，希望未来有更多的合作。摄影师弗朗西斯・莫斯托（Francesco Mosto）为了拍摄这些作品，投入好几个星期的时间，呈现出的细节部分，让我对这些原本以为自己已经很熟悉的物品有了新的感受。还有在凯西的办公室工作的塔米・格恩里（Tammi Guthrie），感谢她，即使是在提醒我要交拖延已久的稿件时，依然能够保持优雅而乐观的态度。

最后，我要感谢来自世界各地的设计师、工程师和建筑师，感谢他们的作品带给我的无限痛苦与欢乐。

图书在版编目 (CIP) 数据

日常设计经典 100/〔美〕保拉·安东内利著；
东野长江译 — 济南：山东人民出版社，2010.5（2010.7 重印）
ISBN 978-7-209-04945-0

Ⅰ.日… Ⅱ.①安… ②东… Ⅲ.工业产品—设计
Ⅳ.TB472

中国版本图书馆 CIP 数据核字 (2009) 第 110923 号

责任编辑 吴宏凯 王海涛
装帧设计 吴东龙 TOMICDESIGNAtelier
项目完成 吴宏凯工作室

日常设计经典 100
保拉·安东内利 东野长江

山东出版集团
山东人民出版社出版发行
社　址 济南市胜利大街 39 号 邮政编码：250001
网　址 http://www.sd-book.com.cn
发 行 部 (0531)82098027 82098028
新华书店经销
北京图文天地制版印刷有限公司印装

规　格 16 开（170mm × 170mm）
印　张 13.875
字　数 160 千字
版　次 2010 年 5 月第 1 版
　　　 2010 年 7 月第 2 次
书　号 ISBN 978-7-209-04945-0
定　价 48.00 元

如有质量问题，请与印刷厂调换。010-84488980

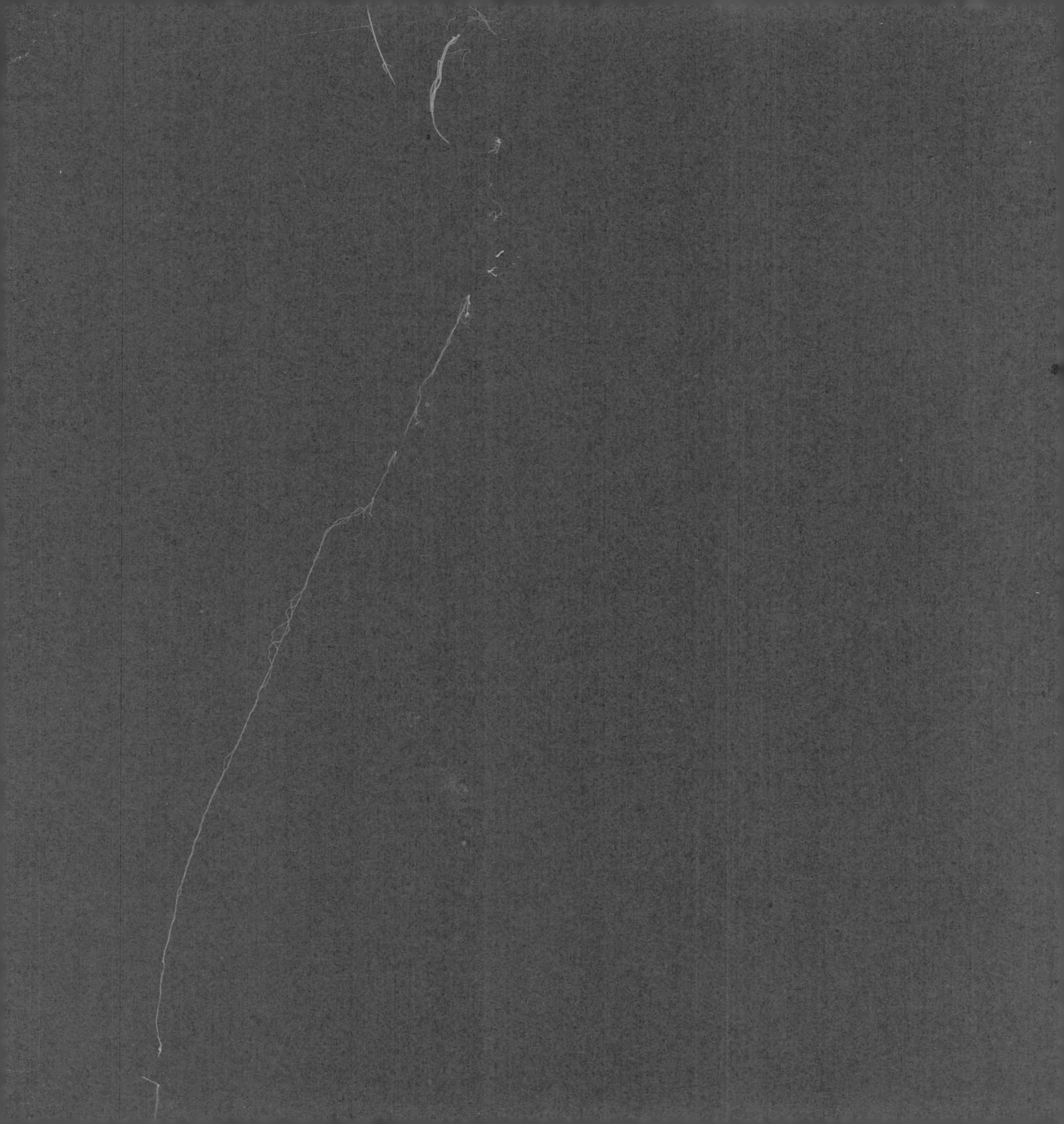